水声换能器及基阵建模与设计

何正耀 著

科学出版社

北京

内 容 简 介

本书系统地介绍水声换能器及基阵的建模计算与设计方法。全书共11章，主要包括绪论，压电材料的性质，换能器的等效电路分析、有限元建模和边界元建模，换能器及基阵声辐射建模与计算，几种典型水声换能器的建模与设计以及水声换能器共形阵发射波束优化。书中融入了作者多年来从事水声换能器及基阵建模计算与设计方面科研工作的实际经验，内容深入浅出，注重理论与实践结合，仿真计算与实验验证结合，系统性与创新性结合。

本书可作为声呐、雷达及超声等领域专业人员的参考书，也可作为高等院校水声工程、电子信息工程、信号与信息处理等专业本科生、研究生及教师的参考书。

图书在版编目(CIP)数据

水声换能器及基阵建模与设计/何正耀著. —北京: 科学出版社, 2020.1
ISBN 978-7-03-063040-7

Ⅰ. ①水… Ⅱ. ①何… Ⅲ.①水声换能器-研究 Ⅳ.①TB565

中国版本图书馆 CIP 数据核字 (2019) 第 246219 号

责任编辑: 祝 洁 宋无汗 / 责任校对: 郭瑞芝
责任印制: 张 伟 / 封面设计: 陈 敬

科 学 出 版 社 出版
北京东黄城根北街 16 号
邮政编码: 100717
http://www.sciencep.com

北京凌奇印刷有限责任公司印刷
科学出版社发行 各地新华书店经销
*
2020 年 1 月第 一 版 开本: 720×1000 B5
2022 年 1 月第四次印刷 印张: 14 3/4
字数: 297 000

定价: 138.00 元
(如有印装质量问题, 我社负责调换)

前　言

　　水声换能器及基阵是声呐、鱼雷或者水下自主航行器等水下声系统的前端设备，是决定系统性能的关键环节，对它的研究有非常重要的意义。对水声换能器及基阵的研究涉及声学、电磁学、机械、材料、流体力学、电子及信息处理等多种学科，研究起来很复杂、难度很大。由于隐身技术在潜艇和水下自主航行器上的应用与发展，水下目标探测的难度大大提高了。为了提高主动声呐的探测能力，需要水声换能器及基阵实现低频、大功率、宽带、耐高静水压的声辐射性能。对于阵元密集的水声换能器基阵，障板影响和阵元间的相互作用会对基阵的声辐射产生很大影响，如果控制不当，这种影响会降低基阵的声功率输出，影响基阵的波束扫描，甚至使有些阵元受到损坏。本书对水声换能器及基阵的建模与设计进行系统深入的研究，主要采用有限元模型、边界元模型、等效电路模型及优化方法等对水声换能器及基阵进行建模计算与优化设计。

　　利用有限元方法对水声换能器进行建模与分析，不受换能器结构的限制，能够适应边界形状不规则、材料非均匀、各向异性等复杂情况，能计算出换能器的谐振频率，观察谐振时换能器的位移分布，得到换能器的导纳曲线、发射电压响应曲线和指向性图等，还可以进行换能器的结构优化设计。利用边界元法可以计算水声换能器及基阵在已知表面振速或者振动位移时的声辐射特性，包括近场和远场的辐射声压及辐射阻抗等。利用等效电路法可以分析水声换能器的谐振频率、导纳等电声性能，还可分析水声换能器基阵阵元之间的相互耦合作用。

　　当水声换能器基阵在水中振动时，每个换能器会受到水对它的作用力和其他换能器的声辐射对它的作用力，分别表现为换能器的自辐射阻抗和换能器间的互辐射阻抗。相同的驱动电压施加在各换能器上，由于自辐射阻抗和互辐射阻抗的作用，它们的振速幅度和相位会不同。这样，当基阵工作时，换能器间的相互作用会影响基阵的发射性能，需要研究水声换能器基阵的互辐射计算和发射波束优化控制问题。

　　本书共 11 章。第 1 章为绪论，介绍水声换能器及基阵研究背景及意义、研究历史及现状。第 2 章介绍压电材料的性质以及对压电换能器进行有限元建模与计算时压电材料参数的设置方法。第 3~5 章分别介绍用于对水声换能器及基阵进行建模与计算的等效电路模型、有限元模型及边界元模型的基本理论。第 6 章研究换能器及基阵声辐射建模与计算。第 7 章研究凹桶型弯张换能器及基阵的建模与计算。第 8 章研究溢流环换能器及基阵的建模与计算。第 9 章研究弯曲圆盘换能器及基阵的建模与设计。第 10 章研究纵振液腔谐振耦合发射换能器的建模与设计。第 11 章研究水声换能器共形阵发射波束优化。

本书的研究工作得到了国家自然科学基金面上项目 (11574251) 和青年基金项目 (60901076) 的支持，在此表示感谢!

鉴于作者水平和经验有限，书中难免存在一些疏漏，敬请读者批评指正。

西北工业大学　何正耀

2018 年 12 月于西安

目　　录

第1章 绪 论

1.1 研究背景及意义

水声换能器及基阵是水下声呐系统的重要组成部分，能够在水中将电信号转化为声信号，以声波的形式发射出去，以探测目标；经处理机对接收到的信号进行分析处理，从而实现对目标的检测、定位、跟踪、识别等功能 [1,2]。对水声换能器及基阵的研究涉及声学、机械、材料等多种学科的交叉，具有理论性和实践性结合的特点。由于军事需求的推动和科学技术的不断进步，水声换能器及基阵研究的发展非常迅速。为了提高探测具有隐身性能的潜艇和水下自主航行器等水下目标的能力，声呐系统对水声换能器及基阵的谐振频率、发射功率、带宽和发射效率等方面提出了很高的要求 [3]。各种新型换能器材料的出现使得电声转换的效率不断提高、发射换能器的辐射功率不断增加、尺寸和重量逐步下降。换能器的设计理论和方法也在不断发展，尤其是计算机技术的应用和有限元计算软件的出现，使得换能器的设计更加方便、准确，计算的结果更为全面和直观。换能器制作加工工艺的改进和完善又为换能器的发展提供了有力的保障。各方面的因素都在推动水声换能器的研究不断向前发展，为整个声呐系统的性能提高打下了坚实的基础。在 20 世纪末，潜艇的降噪和消除回波技术取得了巨大的进展 [4]。在 20 世纪 60 年代后的 30 多年中，潜艇的辐射噪声级降低了大约 35dB，表面敷设了消声瓦使其目标强度在 3kHz 以上的频段降低了大约 10dB。这使得被动声呐的作用距离急剧减小，甚至达到了两艘安静型潜艇互不发现以至于相撞的地步。所以，远距离探测潜艇需要主动声呐作为重要手段，而且主动声呐的工作频率必须低于消声瓦的工作频率下限。因此，低频大功率发射换能器的研究成为远程主动声呐最重要的关键技术之一。然而，研制低频、大功率的发射换能器需要考虑多方面的因素。由于换能器的频率低，换能器要达到比较大的辐射声功率，其表面振动位移及辐射面积都要比较大，故低频换能器往往个头很大，十分笨重。这就给换能器的使用带来了很多不便之处。因此，小尺寸、轻重量的低频、大功率发射换能器成为各国专家的研究热点。对于航空吊放、舰船主动拖曳、深海潜标等声呐系统，需要水声换能器布放与回收方便，要求发射换能器体积、尺寸要小，重量要轻，同时发射声源级要大，频率要低。随着技术水平的不断发展，潜艇的下潜深度越来越深，对声呐系统水声换能器的工作深度要求也越来越高。我国 "蛟龙号" 深潜器下潜深度能够达到深海 5~7km，其上安装的水声发射换能器的工作深度也必须达到同样的深度。当利用深海发射潜标系统探测水下潜艇目标时，需要把水声发射换能器锚在深海海底发射声波。这样能够利用声波传播的可靠声路径，避免深海声传播影区的影响，从而更加有利于潜艇目标的探测[2]。这种情况下对水声发射换能器的工作深度要求也很高，需要达到深海海底的深度。所以，关于深海换能器的研究也是一个热点和难点。

在主动声呐及水下自主航行器上，为了提高声源的发射声功率和声源级，往往用多个水声发射换能器构成换能器基阵来辐射声波。水声发射换能器基阵作为水下声系统最前端的设备，对它的研究特别是对它的声辐射性能的研究有很重要的意义。如果能计算出水声发射换能器基阵的辐射声场，就能够在水声发射换能器基阵的设计阶段预测其发射声源级和声功率、方向性图、辐射阻抗等参量，也就能够对水声发射换能器基阵进行有利于提高系统性能的优化设计和控制[5-7]。为了获得良好的系统性能，总希望水声发射换能器基阵能低频、大功率、宽带地辐射声波。同时还希望获得良好的发射指向性、比较低的发射波束旁瓣级和比较高的发射声源级，从而可以使发射能量集中在某一方向，这样可以用较小的发射功率探测更远距离的目标，同时抑制干扰方向的目标[8-12]。对于水声发射换能器基阵，无论是线阵、平面阵还是其他阵形，在辐射声波时都会产生相互作用，表现为相互之间的互辐射阻抗，当阵元间隔变得密集时，这种相互作用更加明显，有时有的阵元甚至会出现辐射阻抗为负值从而"吃"功率的现象。在设计水声发射换能器基阵时，如果不考虑各阵元间的相互作用，则在基阵工作时，这种相互作用必然会降低基阵的声功率输出，影响基阵的波束扫描，甚至使有些阵元受到损坏[13-15]。在水下自主航行器等载体上，水声换能器共形阵拥有非常优越的性能。该共形阵体积小、阵元密集，而且形状不受限制，可与载体形状一致，这样如果水声系统的水声发射换能器基阵使用共形阵就可使整个系统体积更小、更紧凑，在水中运动时更有流体动力学上的优越性，空间扫描范围更大，而且阵元增多，从而使总的发射声功率和声源级变大[16-19]。由于以往水声系统的水声发射换能器基阵多为线阵和平面阵，对水声发射换能器基阵使用共形阵需要解决一系列的难题。共形阵由于换能器基阵的阵元增多，间隔变得密集，相互耦合作用会很大。另外，具有一定阻抗边界条件的障板对基阵辐射声场的影响也很大。换能器间的互辐射及障板会对水声发射换能器阵的振速产生很大影响，使得水声发射换能器的振速与驱动电压不呈线性关系。然而，实际使用水声发射换能器阵时一般是控制水声发射换能器阵各阵元的驱动电压，而不能直接控制水声发射换能器的振速[5]。这样，当水声发射换能器阵的驱动电压加权向量为不考虑障板影响和阵元间相互作用，按平面波模型下相位补偿得到常规波束形成加权时，由于水声发射换能器间的互辐射及障板的影响，水声发射换能器阵的辐射声场方向性图会发生畸变，得不到所期望的辐射指向性[20]。因此，必须深入研究水声发射换能器基阵的辐射声场和辐射阻抗特性，使得在水声发射换能器阵的设计阶段就能够对其性能进行预测，从而进行有利于提高系统性能的优化设计。还要提高水声发射换能器基阵的发射效率和发射功率，对发射机进行正确的匹配，选取合适的驱动电压发射加权向量来对水声发射换能器基阵的发射波束进行优化，以使水声发射换能器基阵的发射波束具有良好的方向性和比较大的波束扫描扇面。

本书对水声换能器及基阵的建模与设计进行系统、深入的研究，主要采用有限元模型、边界元模型、等效电路模型及优化方法等对水声换能器及基阵进行建模计算和优化设计；对凹桶型弯张换能器、溢流环换能器、弯曲圆盘换能器、纵振液腔谐振耦合发射换能器以及它们相应的换能器基阵进行建模与设计研究；还对水声换能器共形阵的声辐射建模计算及发射波束优化控制方法进行研究。本书的研究成果可直接应用于声呐、水下自主航行器等水下声系统。

1.2 研究历史及现状

1.2.1 水声换能器的建模分析方法

水声换能器的常用分析方法有如下几种：解析计算法、等效电路法、瑞利法、有限元方法 (finite element method, FEM) 及耦合有限元边界元法等。

(1) 解析计算法是利用理论解析计算公式计算换能器的振动特性，包括谐振频率、振动位移、辐射声压等，这种方法只适用于结构比较简单、规则的换能器，对于结构复杂的换能器没有解析公式。

(2) 等效电路法是对换能器进行分析的一种经典方法 [10]。它把机械振动、电振荡及机电转换过程用机电类比的原理形象地组合在一个等效图中。其中，机械力等效为电压，振速等效为电流，同时，机械系统中的质量、刚度 (或弹性) 和阻尼分别等效为电路中的电感、电容和电阻。通过推导力学量机械力、振速和电学量电压、电流之间的关系，可以得到机械振动的动力学方程和电路状态方程，由此可以得出机电等效电路。机电等效电路中各元件的参数均由换能器的结构参数表示，可以建立模型计算求得或者通过实验测量得到，然后就可以根据电路分析的方法来计算换能器的性能参数。用等效电路法来分析换能器的优点是参数简单、计算量小，可用于分析换能器电声参数的变化趋势和指导换能器的优化设计，还可用于分析多个换能器组阵时的情况，包括分析换能器之间的相互作用。用等效电路法分析换能器的缺点是此种方法计算精度不是很高，特别是对于结构和振动情况复杂的换能器。

(3) 瑞利法，也称能量法，是瑞利在研究微振动时，估算要研究振动系统在某种振动模式的特征频率时所采用的方法。瑞利原理的内容是：对于任何一个振动系统，在给定模式的情况下，利用它的最大位能与没有频率因子的最大动能的比值，就可以近似确定该模式的本征频率。在使用瑞利法时，首先要确定所研究的振动模态及振动位移分布,利用其求出该模态的动能和位能的表达式,再利用瑞利原理确定该模态具有的谐振频率。

(4) 有限元方法是近年来国际上普遍采用的一种换能器建模分析方法,该方法以变分原理和剖分插值原理为基础,将换能器结构划分成一系列单元,构造单元插值函数,将单元内部点的状态用单元节点状态的插值函数来近似描述,于是将换能器的结构分析问题转化成求解单元节点的代数方程组问题。其突出的优点是不受换能器结构的限制,能够适应边界形状不规则、材料非均匀、各向异性等复杂情况,可进行复杂结构换能器的建模与分析计算。利用有限元软件进行换能器的建模分析能方便地计算出换能器的谐振频率,观察谐振时换能器各部分的位移分布,得到换能器的导纳曲线、发射电压响应曲线和指向性图,还可以进行换能器的结构优化设计。目前,比较流行的有限元分析软件有 ANSYS、ATILA、MAVART、NASTRAN 等。

关于用有限元方法对换能器进行建模与计算,国内外已有很多这方面的研究工作。在 20 世纪 70 年代中期,Allik 等 [21] 及 Smith[22] 分别用有限元方法分析计算了声呐换能器的振动响应和声辐射特性。Hamonic 等 [23] 于 1989 年利用有限元分析软件 ATILA 建立了一种薄壳弯张换能器的轴对称有限元模型,并进行了仿真计算与分析。贺西平等 [24] 利用有限元方法设计了一种低频大功率稀土磁致伸缩弯张换能器。莫喜平 [25] 利用 ANSYS 软件分析计算了一种 Terfenol-D 鱼唇式弯张换能器。

(5) 当用有限元方法对换能器在水中振动时的特性进行建模分析时,需要考虑换能器与水之间的流固耦合问题。有限元分析软件 ANSYS[26] 在解决这个问题时是建立换能器和一部分流体域的模型,设定流固耦合界面,在流体域的外围使用无限元来进行处理。这样,该流体域不可能建得很大,否则,有限元的计算量将非常庞大。有限元分析软件 ATILA[27,28] 在解决这个问题时也是建立换能器和一部分流体域的模型,设定流固耦合界面,在流体域的外围使用单极或者偶极衰减元来模拟流体域的无限元辐射条件。同样,该流体域也不可能建得很大。为了更加彻底地解决这个问题,可以利用有限元与边界元相结合的办法来进行处理 [29],即耦合有限元边界元法。它是把换能器结构用有限元方法来建模,流体域用边界元法来建模,然后把它们联合起来求解。ATILA 软件可以与边界元计算软件耦合使用,即利用耦合有限元边界元法来对换能器进行建模与分析 [30]。

1.2.2 水声换能器及基阵的声辐射建模与计算方法

水声换能器及基阵的声辐射建模与计算问题实际上是一个振动情况复杂的结构体的声辐射计算问题,这个振动结构体包括换能器和障板。水声换能器及基阵的辐射声场计算,包括两种情况:一是假设换能器的表面振速均匀,且假设为某一常数，适用于均匀脉动球、活塞式换能器及其组成的基阵；二是考虑换能器的表面振速的不均匀性，已知其振速的解析表达式或用有限元建模的方法计算出换能器表面的振动位移分布也就是得到了换能器的表面振速分布，然后计算其辐射声场。

声辐射计算问题一般可描述为波动方程在一定边界条件下的定解问题[1,6]。按照分析方法不同，它可以归纳为两类：一类是以波动方程为基础的时域分析法[31−40]；另一类是以亥姆霍兹方程为基础的频域分析法[41−46]。时域分析法是在时域内分析声振关系，既可以用来计算稳态声场特性，又可用来计算瞬态声辐射规律，但是，由于时域分析法相当于在每个时间步上求解一次静态问题，计算量很大，累积误差也较大。频域分析法是以简谐声波动为研究对象，由于对任意时间函数的声波动问题，原则上总可以通过傅里叶分析，将其分解为一系列简谐声波动的叠加，所以频域分析法特别适合于稳态声场的研究。从目前的研究现状来看，频域分析法居多。

在时域分析法方面，Stepanishen 等用时域脉冲响应法[36−39]计算换能器及基阵的辐射声场，它是基于离散表示计算的概念，能以类似于换能器辐射声场产生的物理机理的方式来计算其速度势脉冲响应，计算之前不需要任何解析解。这种计算对声场中任何一点都是有效的，而且可以使用任何形式的激励信号。计算的精度取决于时域和空域的离散程度，离散程度越大，精度越高。这种方法的缺点是只适用于平面阵或者近似平面阵，而且计算量太大，计算时间长，计算精度也不高，不利于实际应用。

在频域分析法方面，在振动声辐射问题分析的早期，人们往往借助于特殊函数、级数逼近等方法 (如分析变量法等) 推导出辐射问题的解析解[1,2,5−7]，但这些方法只能适用于如球、活塞、圆柱、立方体等简单规则的辐射体。而对于形状任意的辐射体，是得不到辐射声场的解析解的，这时人们采用差分法离散以获得数值解，或者采用瑞利法等近似方法获得近似解，但是这些近似方法往往得不到令人满意的结果。

20 世纪 50 年代，有限元方法一经问世，就显示出其巨大的优越性，迅速被应用于声辐射问题的分析计算[21−23]。有限元方法把差分法的离散改造成有限元离散，把瑞利法的势函数近似换成插值函数近似，以变分原理作为推导的根据，并充分利用现代计算机的计算能力，从而开拓了现代数值方法的广阔领域。但是，有限元方法在声辐射分析计算中也有其不足之处：首先对于三维声辐射问题，有限元方法和有限差分法一样，需要在整个分析域内进行单元剖分、变量插值等，分析自由度庞大，因而计算量也会很大，其次对于工程中常见的在无限域中的外部声辐射问题，有限元方法的剖分截止边缘难以确定，并会由此带来计算误差。

Koopmann 等提出了一种波叠加方法[41−46]用来进行振动体声辐射的计算。

波叠加方法是边界元法的一种等效方法，它的基本思想是，辐射体内部一系列简单源构成的阵列的辐射声场的叠加可以产生辐射体表面上已知的振速分布，可以根据这个关系求解出产生这些振速分布的简单源的强度，然后这些简单源的强度就可以用来计算辐射体表面及辐射声场中的声压。这种方法可以避免边界元法的奇异积分及解的非唯一性问题。但是，波叠加方法对于结构任意的复杂振动体声辐射计算，其计算精度会受到网格划分、内部简单源的选择、计算量大等各方面因素的限制，不利于实际工程应用。

20 世纪 60 年代以后出现了边界元法 (boundary element method, BEM)[47−49]。边界元法是将描述振动声辐射问题的亥姆霍兹方程边值问题转化为边界积分方程并利用有限元方法的离散技术而发展起来的。边界元法是求解边界积分方程弱解的一种数值方法，它在边界上放松了对未知量的连续性要求，通过将边界划分成一系列 "单元"，并对边界未知量采用一定的插值函数进行离散插值，最后将边界积分方程离散化为一系列 "节点" 未知量的线性代数方程组，即可得到边界 "节点" 上的未知量，进而根据需要可以计算分析域内的参数。边界元法中包含有限元方法的思想，它把有限元方法按求解域划分单元离散的概念移植到边界积分方程方法 (boundary integral equation method, BIEM) 中，但边界元法不是有限元方法的改进或发展，边界元法与有限元方法存在本质的差异。

与有限元方法等区域型解法相比，边界元法显示了自身的一些特点：首先它将问题的维数降低一阶，从而使得数据准备工作量和求解自由度大为减少；其次由于它利用了微分算子的解析基本解作为边界积分方程的核函数，所以它具有解析与数值结合的特点，通常具有较高的精度；最后边界元法中的基本解适合于无限和半无限求解域，分析时不需要 "外边界"，因此边界元法适合于无限域和半无限域的工程计算问题。在声辐射计算问题中，边界元法比有限元方法要优越得多。

边界元法是由亥姆霍兹边界积分方程发展起来的。在 1963 年，Chen 和 Schvoeikert[50] 研究了任意体结构的声辐射问题，其思想是将任意壳体的声辐射问题描述为壳体与流体边界面上的表面源强分布的形式，然后通过亥姆霍兹边界积分方程求出振动体的辐射声场。1963 年，Chertock[51] 采用表面亥姆霍兹积分公式 (surface Helmholtz integral formulation) 对轴对称的声辐射问题进行了研究，将分析域内的声压表示成表面声压和法向振速的积分形式，这样一旦知道了表面声压和法向振速，就可以计算出分析域内任意点的声压，而对于表面法向振速已知的振动声辐射问题，表面声压可以通过将上述域内点移至表面，进而利用数值方法进行求解。Copley[52,53] 于 1967 年提出了计算振动声辐射问题的内部亥姆霍兹积分公式 (interior Helmholtz integral formulation)，它是根据已知的振动体表面法向振速分布，通过将场点选择在分析域之外，即振动体的内部所形成的积分方程来求解表面声压，而分析域内的声场参数可以在全部边界量确定后，利用内部亥姆霍兹积分公式进行计算。

经过几十年的发展，边界元法作为计算振动体声辐射的一种有效的方法得到了非常广泛和深入的研究 [54-63]。在解的非唯一性方面，以完善 CHIEF 法 [54] 和 Burton-Miller 法两种典型的计算方法为主线，标本兼治，深入开展；在插值函数的选择应用方面，线性元、二次元、三次样条元等高阶元得到了广泛应用，以更好地逼近边界曲面和边界量分布 [59]；在奇异性积分 (特别是强奇异性积分) 的分析处理方面，许多具有良好计算效果的直接计算法和间接计算法应运而生 [62,63]；在计算方法发展方面，兼顾精度和效率，新的计算理论和计算方法不断涌现；在应用方面，一些工程实际中的声辐射问题在模拟的基础上得到了研究。

对于用边界元法计算任意形状的振动体的声辐射的问题，可以利用商业化的 SYSNOISE 软件进行辅助计算。用 SYSNOISE 软件计算振动体的声辐射，其有效性和准确性已经得到世界各地用户的广泛验证，其计算速度也很快，这些都有利于实际的应用。

用边界元法对换能器及基阵的辐射声场进行建模与计算，国内外已有很多这方面的研究工作。Audoly[13] 于 1991 年利用 Schenck[54] 提出的改进的亥姆霍兹边界积分方程方法计算了有限大障板上 8 元及 32 元平面阵的辐射声场及远场辐射指向性。Yokoyama 等 [14] 用相似的方法计算了有限大障板上 3 元相位阵的远场辐射指向性。商德江和何祚镛 [61] 用边界元法计算了加肋双层圆柱壳的辐射声场。但以上文献中研究的换能器阵的阵形及障板结构都较为简单，且都是仿真计算。何正耀等 [64,65] 用边界元法计算了一种障板结构复杂的水声换能器共形阵的辐射声场及远场辐射指向性，并进行了水池实验验证。

1.2.3 几种典型水声换能器的建模与设计

本书重点研究弯张换能器、溢流环换能器、弯曲圆盘换能器及纵振液腔谐振耦合发射换能器等几种典型的水声换能器的建模与设计。

弯张换能器 [66-77] 是水声领域的一种低频大功率的声源，由于利用了弯张振动，其在低频发射时具有尺寸小、重量轻的特点。弯张换能器共分七种类型，其详细介绍可参见文献 [70]。七种弯张换能器的结构图如图 1.1 所示。弯张换能器的共同特点如下。

(1) 弯张换能器都是利用驱动元件的纵振动来激励辐射面做弯曲振动，因此都具有频率低的特点。

(2) 弯张换能器的弯曲辐射面具有振幅放大效应，可以产生较大的体积位移，实现大功率声辐射。

(3) 弯张换能器的几何尺寸一般远小于工作频率下的水中声波波长，因此这类换能器通常是无指向性的。

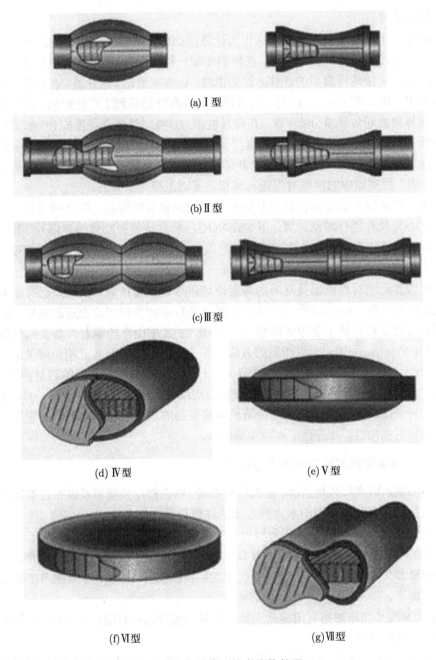

(a) I 型

(b) II 型

(c) III 型

(d) IV 型　　　　　　　　　　(e) V 型

(f) VI 型　　　　　　　　　　(g) VII 型

图 1.1　七种类型的弯张换能器

(4) 弯张换能器通常要在驱动元件上施加预应力。静水压会使凸型结构中激励元件上的预应力随工作深度的增加而减小，而凹型结构中的预应力随工作深度的增加而增加。因此，具有凹型结构的换能器的极限工作深度要相对大一些。

(5) 具有凹型结构的弯张换能器在振动辐射面上位相相同，而凸型结构的辐射面上存在反相区，会在一定程度上降低辐射声功率，但由于反相区的辐射面很小，反相振动的振幅很小，所以具有凸型结构的弯张换能器仍能产生大的辐射声功率。

从 20 世纪 80 年代初开始，水声换能器逐渐向低频发展，由于弯张换能器在低频段的优势，其研究受到广泛关注。各国专家不断对已有的弯张换能器的结构进行改进和优化，而且不断创新，研制出各种新型弯张换能器，凹桶型弯张换能器就是其中一种 [78-82]。凹桶型弯张换能器体积小、重量轻、功率大，外形结构适合于组排基阵，而且可以达到相当低的谐振频率，受到越来越广泛的关注。凹桶型弯张换能器在 1986 年首先由加拿大大西洋国防研究与发展中心 (Defense Research and Development Canada Atlantic) 研究提出。我国的海声科技有限公司和海鹰企业集团有限责任公司也都研制出类似的换能器。此种换能器具有的特点是：低频、无指向性、大功率、高效率、比较小的体积和重量，由于凹型结构的预应力在水中随着深度的增加而增加，其极限工作深度相对要大些。

对弯张换能器进行振动理论分析，Royster[72] 于 1969 提出了一种方法，用于分析 I 型弯张换能器。他把此换能器的问题分成三部分：压电陶瓷堆的振动、外壳的振动、壳体的声辐射问题。对于压电陶瓷堆，当其工作在低频时，可近似看作一维的机械振动系统，做中心对称的纵振动，一端截止，另一端带有阻抗特性的负载。壳体可近似看作一个弯曲梁的回转体，把弯曲梁离散化看作一系列的无质量短棒和具有一点质量的许多质点构成的桁架，然后利用数值方法可以求出弯曲梁的本征频率。其理论计算结果与实验结果进行了对比，二者比较吻合。Nelson 和 Royster[83] 于 1971 年提出了一种数学模型用于对一种 V 型弯张换能器进行理论分析与计算。另外，Brigham[84] 于 1974 年利用波动力学法对 IV 型弯张换能器进行了分析，建立了 IV 型弯张换能器的理论模型。使用纵波理论来描述压电堆，用椭圆环的差分方程来描述壳体，用椭圆辐射函数确定声场来分析 IV 型弯张换能器的电声特性。

莫喜平和姜广军 [85] 提出了适用于弯张换能器的等效电路支路阻抗分析方法，计算了表征 IV 型弯张换能器振动辐射特性的参量，来进行换能器局部结构的优化设计。Debus 等 [86] 提出了 Piece-part 等效电路法来进行弯张换能器的分析。通过对壳体、压电堆、电场三者的研究，得到 IV 型弯张换能器的等效电路和集中参数解析表达式，由此可以求得壳体和换能器的振动模态、谐振频率等参数。

加拿大 Jones 和 Christopher[78] 利用有限元分析软件 MAVART 建立了凹桶型弯张换能器的轴对称有限元模型，并进行了计算与分析。蓝宇等 [87] 利用 ANSYS 软件进行了一种 800Hz 的 IV 型弯张换能器的有限元建模分析与设计。何正耀和马

远良 [80] 利用 ANSYS 软件对一种凹桶型弯张换能器进行了有限元建模与分析计算,并进行了消声水池实验验证。

溢流式圆环换能器,简称溢流环换能器,是一种水平无方向性的换能器,利用其液腔振动和径向振动的耦合,使得换能器具有低的谐振频率、宽的频带和高的效率,并且体积小、重量轻、功率大,还有优异的深水性能和良好的指向性。其结构简单紧凑,工作稳定可靠,在水声领域得到了广泛的应用。

1964 年,Mcmahon[88] 给出了溢流环换能器液腔谐振频率和径向谐振频率的近似计算公式,换能器材料是压电陶瓷 PZT。不论是长管的溢流环换能器还是短管的溢流环换能器,谐振频率的理论计算结果与实验测量结果基本一致。但是 Mcmahon 的论文里面没有给出溢流环换能器其他参数的计算方法,如溢流环换能器的发射电压响应、阻抗特性及发射指向性等。

可以利用有限元方法对溢流环换能器的声辐射特性进行比较精确的计算,包括换能器的振动模态、谐振频率、阻抗特性、发射电压响应及近场声特性等。可以利用 ANSYS 软件进行溢流环换能器的有限元建模与计算,建立溢流环换能器的轴对称有限元模型来使分析计算得到简化。

在 ANSYS 软件中用有限元方法对溢流环换能器及基阵进行谐波分析得到该换能器的表面振动位移分布后,将数据导入 SYSNOISE 软件中,就可以利用边界元法计算溢流环换能器及基阵的声辐射远场特性和辐射阻抗等。由于边界元法只需要对换能器结构的边界进行网格划分和计算,所以相对于有限元方法,计算量大大减小,适合于计算溢流环换能器及基阵的声辐射远场特性。

另外,国际上对弛豫铁电单晶电致伸缩换能材料 (PMN-PT) 的研究广泛关注 [89-98]。PMN-PT 材料与压电陶瓷 (PZT) 材料相比,杨氏模量减小 (纵波速度降低),机电耦合系数和压电常数提高,十分有利于降低溢流环换能器的尺寸重量和谐振频率,提高换能器的发射带宽和发射电压响应。He 和 Ma[95] 研究了 PMN-PT 材料溢流环换能器相对于 PZT 材料溢流环换能器的性能优越性,利用有限元方法对溢流环换能器的声辐射特性进行了建模与计算。

早在 20 世纪 60 年代,Woollett[99] 第一次研究了弯曲圆盘换能器。几十年后英国的 Delany[100] 重新发现了它,并逐渐发展为声呐浮标、诱饵和其他主动发射声源等应用形式。近年来,以新型弯曲圆盘换能器为阵元,利用阵元间的声学互辐射作用,通过不同的排列组合,在相当宽的频率范围内得到不同的谐振频率、带宽和发射声源级的基阵,并且拥有体积小、重量轻等优点。弯曲圆盘换能器便宜、可靠和易于构造,最重要的是该换能器的圆盘状允许千分之一波长间隔 [101,102]。加拿大 Crawford 等 [102] 的研究结果显示 8 个相同的弯曲圆盘换能器,每个在自由声场中的谐振频率都为 1800Hz,能够组成一个密集阵,其谐振频率为 600Hz,声源级大于 200dB。这种圆柱形密集阵的质量为 8kg,长度为 20cm,直径为 14cm,无压力补偿时工作深度能达到 300m。利用不同的阵元数量和空间排列，谐振频率为 1800Hz 的弯曲圆盘换能器可以组成谐振频率为 450~1600Hz，声源级超过 210dB 的密集阵。

由于人们对海洋的研究朝着深海方向发展，所以关于深海换能器的研究是一个重点研究方向。纵振液腔谐振耦合发射换能器结构独特，将换能器的纵向振动与周围铝环的液腔振动耦合，同时使换能器的纵振谐振频率和液腔谐振频率接近，从而达到共振，这样能够提高换能器的工作带宽和发射电压响应，在相同尺寸的条件下能够大大降低换能器的工作频率，并能在空间受限的平台上使用[103-106]。由于这种换能器整体为溢流式结构，内外都是水，所以内外压力平衡，适合于在深海条件下工作。Mosca 等[105] 利用这种类型的换能器进行了远距离的水声通信。He 等[106] 利用有限元方法对纵振液腔谐振耦合发射换能器进行了建模与分析计算，并进行了消声水池实验，对理论计算结果进行了验证。

1.2.4　水声换能器基阵的互辐射计算及发射波束优化

当水声换能器基阵在水中振动时，每个水声换能器会受到水对它的作用力和其他换能器的声辐射对它的作用力，分别表现为换能器的自辐射阻抗和换能器间的互辐射阻抗。相同的驱动电压施加在各换能器上，由于自辐射阻抗和互辐射阻抗的作用，它们的振速 (包括幅度和相位) 不同。这样，当水声换能器基阵工作时，换能器间的相互作用势必会影响水声换能器基阵的发射指向性，从而影响水声换能器基阵的发射性能[107-109]。所以，需要研究水声换能器基阵的互辐射计算问题和发射波束优化控制的问题。

关于水声换能器基阵辐射阻抗的计算问题，国内外有很多这方面的研究工作[110-122]。在 1940 年，Klapman[110] 利用直接数学积分的方法计算了无限大平面刚性障板上两圆形活塞间的互辐射阻抗。Pritchard[111] 于 1960 年利用 Bouwkamp 公式推导出无限大平面刚性障板上两圆形活塞间互辐射阻抗的近似简化公式，即著名的 Pritchard 简化公式，该简化公式是互辐射阻抗近似计算的常用工具。Arase[112] 计算了无限大刚性平面上两矩形活塞间的互辐射阻抗。Chan[113] 通过瑞利积分的方法计算了无限大刚性平面上不同大小圆形活塞间的互辐射阻抗。Sherman[114] 计算了刚性球面上的两圆形活塞和矩形活塞的自辐射阻抗及互辐射阻抗。Greenspon[115] 计算了无限长刚性圆柱面上矩形活塞间的互辐射阻抗。Porter[119] 于 1964 年利用直接积分的方法求出无限大刚性平面上弯张板的自辐射阻抗和互辐射阻抗。Mangulis[120,121] 计算了平面无限阵波束扫描时条形阵元和活塞阵元的辐射阻抗。在 1966 年，Sherman[122] 对水声换能器基阵阵元间的互辐射阻抗计算进行了回顾，介绍了互辐射阻抗计算的重要性，分析了当时由于模型理想化而存在的问题，以及对未来的展望。前面这些方法一般是利用数学积分的方法通过推导解析式来求解水声换能器的自辐射阻抗及互辐射阻抗，这种方法只适用于如无限大障板平面、球面、无限长圆柱等简单规则的障板结构，而对于形状任意的障板结构，这种推导解析式的方法通常不再适用。在边界元法出现后，人们开始用数值计算的方法求解水声换能器基阵的辐射阻抗。先利用边界元法求出水声换能器基阵表面的声压分布，然后对表面积积分即可求出水声换能器的自辐射阻抗及水声换能器间的互辐射阻抗。用边界元法来求解水声换能器的自辐射阻抗和互辐射阻抗，对障板结构没有限制，可适用于阵形任意的水声换能器基阵。Audoly[13] 于 1991 年利用 Schenck[54] 提出的改进的亥姆霍兹边界积分方程方法计算了有限大障板上 8 元及 32 元平面阵自辐射阻抗及互辐射阻抗。Yokoyama 等 [14,15] 用相似的方法计算了有限大障板上相位阵的辐射阻抗。但以上这些文献中研究的换能器基阵的阵形及障板结构都较为简单，对于阵形复杂的共形阵的辐射阻抗计算难度更大。何正耀等 [64] 用边界元法计算了水声换能器共形阵的自辐射阻抗和互辐射阻抗。

水声换能器基阵的自辐射阻抗和互辐射阻抗计算出来后，就可以得到水声换能器基阵的等效电路模型 [10]。根据水声换能器基阵的等效电路模型结合水声换能器的辐射声场计算及优化方法，就可以计算得到适当的水声换能器基阵驱动电压来使基阵获得适当的振速，从而使水声换能器基阵得到所期望的辐射声场分布特性，包括高的发射声源级和良好的发射指向性。现在的水声系统中比较成熟的水声换能器发射基阵一般为直线阵和平面阵。对水声换能器基阵的发射波束进行控制，往往是使用常规波束形成加权，且不考虑水声换能器基阵的障板影响及阵元间的相互作用。在需要对发射波束的旁瓣进行控制时，往往使用 Doph-Chebyshev 加权，再结合乘积定理来求得水声换能器基阵的驱动电压加权 [3]。然而，对于水声换能器共形阵，由于其阵形复杂，且水声换能器基阵的障板影响和阵元间的相互作用都很大，严重影响水声换能器基阵的发射性能，此时传统的控制发射波束的方法不再适用。对水声换能器共形阵的发射波束进行优化控制，由于阵形复杂其研究难度更大。利用水声换能器基阵的等效电路模型结合声场建模和优化方法求解水声换能器共形阵的驱动电压加权向量来对水声换能器基阵的发射波束进行优化控制。对于优化方法的选取，可以借鉴接收换能器阵列优化阵处理中的优化方法 [123~132]。文献 [123]~[127] 中用自适应的方法对水声换能器基阵的接收波束进行优化。文献 [128]~[132] 中用 second-order cone programming 优化算法对水声换能器基阵的接收波束进行优化。何正耀和马远良 [133,134] 采用优化方法结合水声换能器基阵的辐射声场计算及等效电路模型来求取所需要的驱动电压加权向量，对水声换能器共形阵的发射波束进行优化。为了减小用理论模型计算水声换能器基阵的驱动电压加权向量时所产生的相对于实际系统的误差，还提出了利用实测到的水声换能器共形阵的接收阵列流形计算水声换能器基阵的驱动电压加权向量来对水声换能器基阵的发射波束进行优化控制的方法 [135]，以获得低旁瓣的发射波束和良好的发射性能。

1.3 本书的结构

本书系统地介绍水声换能器及基阵的建模计算与设计方法，共 11 章，其结构如下。

第 1 章为绪论，介绍水声换能器及基阵研究的背景及意义，国内外研究历史及现状。

第 2 章介绍压电材料的性质，以及对压电换能器进行有限元建模与计算时，压电材料的柔性矩阵、压电矩阵和介电矩阵的设置方法。

第 3~5 章介绍用于对水声换能器及基阵进行建模与计算的等效电路模型、有限元模型及边界元模型的基本理论。根据水声换能器的等效电路分析水声换能器的导纳特性，给出水声换能器基阵的驱动电压与其振速及基阵互阻抗矩阵之间的关系。介绍用有限元方法处理水声换能器结构振动及在水中振动问题的有限元方程，以及用 ANSYS 软件来对水声换能器进行有限元建模与计算的方法。给出计算水声换能器声辐射的边界积分方程和离散化的边界元数值计算方法，以及利用 SYSNOISE 软件来对水声换能器声辐射进行边界元计算的方法。

第 6 章研究利用边界元法对水声换能器及基阵的声辐射特性进行建模与计算。利用边界元法计算典型声源包括均匀脉动球源和无限大刚性障板平面上圆形活塞的辐射声场和辐射阻抗，并与解析解进行比较。用边界元法计算平面水声换能器基阵的辐射声场与辐射阻抗，分析平面水声换能器基阵声辐射的特性，还计算水声换能器共形阵的辐射指向性，并在消声水池中进行实验测量。

第 7 章研究凹桶型弯张换能器及基阵的建模与计算。通过等效电路分析、有限元以及边界元建模的方法，对凹桶型弯张换能器及基阵的性能进行仿真计算。利用有限元方法对单个凹桶型弯张换能器进行计算，还利用边界元法及等效电路法对单个凹桶型弯张换能器及多个凹桶型弯张换能器组成的基阵的声辐射特性进行计算，并与消声水池实验结果进行对比分析。

第 8 章研究溢流环换能器及基阵的建模与计算。给出了溢流环换能器液腔谐振频率和径向谐振频率的近似计算公式，对由 PZT 材料和 PMN-PT 材料构成的溢流环换能器的谐振频率进行计算。利用有限元方法对溢流环换能器及镶拼圆环换能器的声辐射特性进行建模与计算。还研究溢流环换能器基阵的声辐射特性计算，利用有限元方法结合边界元法对溢流环换能器组成的阵元间距为半波长和远小于半波长时的二元和三元发射阵进行计算，并对它们的声辐射特性进行分析。

第 9 章研究弯曲圆盘换能器及基阵的建模与设计。介绍弯曲圆盘换能器的结构与工作原理，并利用 ANSYS 建立弯曲圆盘换能器的有限元模型，对其特性进行仿真计算。对由弯曲圆盘换能器组成的密集阵进行计算，分析不同阵元数和不同阵元间距的密集阵的性能。还对设计的新型弯曲圆盘换能器进行加工制作，在消声水池中进行实验测量。

第 10 章研究基于腔体结构的纵振液腔谐振耦合发射换能器的建模与设计。建立该换能器的有限元模型，对其发射特性进行仿真计算。根据优化设计结果制作样机，并在消声水池中进行测量。通过改变该换能器铝环的结构尺寸，使该换能器的性能得到进一步优化。

第 11 章研究考虑障板影响和阵元互耦作用的水声换能器共形阵的发射波束优化设计。提出两种发射波束优化的方法：一种方法是边界元模型优化加权方法，即用边界元理论结合优化方法来求解水声换能器共形阵的驱动电压加权向量；另一种方法是实测阵列流形优化加权方法，即利用水声换能器共形阵的实测阵列流形结合优化方法计算基阵的驱动电压加权向量。在消声水池中对水声换能器共形阵的辐射指向性进行实验测量，验证两种优化加权方法的正确性与有效性。

第 2 章　压电材料的性质

压电换能器是利用晶体的压电效应制成的，所以研究换能器有必要先了解一些晶体及压电晶体的性质[136-139]。本章首先介绍晶体的特征及晶体的铁电性，然后介绍压电晶体的力学特性、介电性及压电效应与压电方程，最后介绍压电材料的参数和常用压电材料的性质。

2.1　晶体的特征

固体有两种状态：晶态和非晶态。晶态固体 (简称晶体)，如岩盐、石英晶体、金属等，都具有一定的熔点；而非晶态固体，如白蜡、玻璃、橡胶等，则没有固定的熔点。

晶体有规则而对称的外形。晶体在适当的条件下能自发地发展成一个凸多面体形的单晶体。生长良好的单晶体的外形是规则且对称的。由于晶体的生长条件不同，同一品种的晶体在外形上可能很不相同。但是不论晶体的外形如何，对同一品种的晶体，两个对应晶面 (或晶棱) 间的夹角总保持不变，称为晶面角守恒定律。

晶体是各向异性的。晶体的许多物理、化学性质，如介电常数、弹性常数、电阻率、硬度等，因观察方向不同而有差异。

晶体的宏观特征是组成晶体内部粒子规则排列的反映。利用 X 射线衍射或用电子显微镜观察都证明晶体是由分子、原子或离子有规则地排列而成的。如果用一些点代表晶体结构中的相同位置，则由它们组成有规则的空间格子。这些位置称为阵点或节点，这些节点的总体称为点阵。空间格子在三维空间呈周期性重复。这种格子的构造是晶体区别于非晶体的本质因素。综上所述，晶体的定义是：晶体是内部质点 (原子、分子、离子等) 在三维空间呈周期性重复排列的固体，或者说，晶体是具有空间格子构造的固体。

空间格子是几何的概念，它是由不具有任何物理、化学特性的几何点构成的。例如，在晶体结构中引入相应单位平行六面体的划分单位，这样的划分单位称为单位晶胞 (一般简称晶胞)。由一个晶胞出发，能够重复平移出整个晶体结构。图 2.1 为岩盐晶体结构及其晶胞。晶胞的形状和大小由一组晶胞参数来表征，其数据与对应的单位平行六面体的参数完全一致。

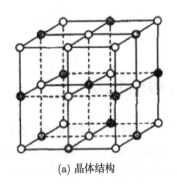

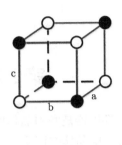

(a) 晶体结构   (b) 晶胞

图 2.1   岩盐晶体结构及其晶胞

2.2   晶体的铁电性

晶体的铁电性是指晶体存在自发极化,即晶胞的正、负电荷中心不重合,并且这种自发极化可以在外电场作用下转向。具有铁电性的晶体称为铁电晶体 (铁电体)。

与铁磁物质的磁畴相似,铁电晶体由许多电畴 (几微米至几十微米大小) 组合而成,而每个电畴具有自发极化和与之相随的自发应变。在电场的作用下,电畴的边界可以移动且能够转向。铁电性的根本在于晶体存在自发极化的电畴。

铁电晶体最明显的特征就是,它具有电滞回线的特性 (具有这种特性的材料称为铁电体),这是判断某些材料是否为铁电体的重要依据。由于铁电体与铁磁体在其他许多性质上也具有相应的平行类似性,铁电体的名称由此而来,其实它的性质与铁毫无关系。我们常用的压电陶瓷就是一种铁电晶体。经过极化的压电陶瓷才具有压电效应。

图 2.2 是一个典型的电滞回线图。把一个处于去极化状态下的压电陶瓷置于电场中,它将产生极化强度 P 及电位移 D,而且它们皆随电场的增大而增大,直至饱和。图 2.2 中的曲线 $OABC$ 就是 $P\text{-}E$ 的极化曲线。当在晶体上附加外电场时,由于沿电场方向极化电畴的增大、沿逆电场方向极化电畴的减小 (电畴边界的移动)及沿各方向分布的电畴向电场方向转向,极化强度 P 沿曲线 OA 随外电场 E 的增大而增大,直到整个晶体成为一个单一方向的极化电畴 (点 B)。当外电场再增加时,极化电畴方向不再变化,但仍如普通电介质产生位移极化,故饱和以后 $P\text{-}E$呈直线关系,如曲线 BC 所示。将这部分推延至外场为零,在纵轴 P 上所得的截距 P_a 称为饱和电极化强度 (实际上这也是每个电畴原来已经存在的极化强度)。如果外电场自点 C 开始降低,则晶体的极化强度也随之减小,但在电场为零时,仍保留一个值 P_r,称其为剩余电极化强度,必须再加反向电场 E_c(称为矫顽电场)

才能使整个晶体的极化为零。若反向电场继续增加，则沿反向电场取向的电畴逐渐增多，直到整个晶体成为一个单一极化方向的电畴 (点 H)。如此循环，就可得到一条封闭曲线。这种现象称为电滞现象，所得曲线称为电滞回线。

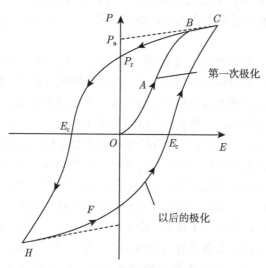

图 2.2 典型的电滞回线图

压电陶瓷之所以有这种特性，是因为它在被极化时，其内部电畴结构的变化有一部分是不可逆的。当它从去极化状态被极化至饱和态时，它内部的电畴结构通过壁移和畴转过程，使电畴的自发极化方向逐渐趋于电场方向，但当移去电场后，电畴的自发极化方向并非全部恢复到原来状态，而有一部分依旧保留在比较接近所加电场的方向上，它们的合成形成了剩余极化强度。要想除去剩余极化强度，就必须加一个反向电场 E_c。

铁电晶体的另一重要特征是存在一个被称为居里温度的结构相变温度 T_c。当温度高于居里温度 T_c 时，晶体结构由铁电相向非铁电相 (或称顺电相) 转变，此时晶体不具有铁电性，压电陶瓷材料的压电性能将发生变化甚至完全消失。当温度低于居里温度 T_c 时，晶体出现铁电性。铁电晶体的介电常数强烈地依赖温度，在居里温度处，介电常数出现极大值。铁电体的其他一些物理性质，如弹性常数、压电常数、折射率、非线性光学性能、比热等，受相变的影响也很大。钛酸钡 (BT) 的居里温度为 120℃，锆钛酸铅 (PZT) 的居里温度为 340℃。

2.3 晶体的压电性

当某些晶体因受到外力作用而发生形变时，在它的某些表面会出现电荷，这种效应称为压电效应。晶体的这一性质称为压电性，具有压电效应的晶体称为压电晶体。压电效应是可逆的，即晶体在外电场的作用下发生形变，这种效应称为反向压电效应或逆压电效应。实验证明，压电效应和反向压电效应都是线性的，即晶体表面出现的电荷多少和形变大小成正比。当形变改变方向时，电场也改变方向。在外电场作用下，晶体的形变大小与电场强度成正比，当电场反向时，形变也改变方向。

晶体的压电效应可以用图 2.3 解释。图 2.3(a) 表示压电晶体中的质点在某方向上的投影，当晶体不受外力作用时，正、负电荷的重心重合，晶体的总电矩等于零 (简化的假定)，则晶体表面不荷电；当沿某一方向对晶体施加机械力时，晶体发生形变使正、负电荷重心不再重合，晶体的总电矩不再为零，则引起晶体表面荷电的情况。图 2.3 (b) 和图 2.3(c) 分别为晶体受压缩和受拉伸时的荷电情况。在这两种情况下，晶体表面电荷的符号相反，电荷密度与外力成正比。这种因受机械力的作用使晶体表面出现电荷的效应称为压电效应 (又称正压电效应)。晶体的这一性质称为压电性。若将压电晶体置于外电场中，则电场作用使晶体内部正、负电荷重心发生位移，从而导致晶体发生形变，称为逆压电效应。陶瓷是由很多晶体和晶界等构成的，虽然每个晶粒本身是各向异性的，但在陶瓷中晶体的取向是随机的，所以陶瓷表现为各向同性。由于铁电陶瓷的晶体在居里温度以下时具有自发极化和电畴，在强直流电场作用下，电畴将沿电场的方向取向，当撤去电场后，陶瓷仍保留具有沿电场方向的剩余极化，表现为单轴各向异性。这样的陶瓷具有压电效应，即压电陶瓷是经过人工极化处理的铁电陶瓷。

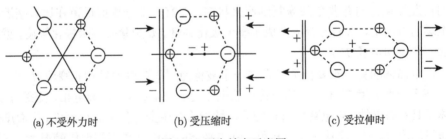

(a) 不受外力时   (b) 受压缩时   (c) 受拉伸时

图 2.3   压电效应示意图

压电陶瓷由许多铁电体的微晶组成，微晶再细分成电畴，因而压电陶瓷是许多电畴形成的多畴晶体。电畴的极化方向各不相同。当加上机械应力时，它的每个电畴的自发极化会产生变化，但由于电畴的无规则排列，在总体上不显电性，没有压电效应。压电陶瓷在电场的作用下发生形变，这种效应称为电致伸缩效应。和压电效应不同，这时的形变与电场呈非线性关系。

为了得到与电场强度呈线性关系的形变，需要在晶片上加一个大的直流电场，

即极化电场 (1~4kV/mm)。当大的直流电场与一小的交流电场叠加时, 由于交流电场很小, 其变化一般不足以使电畴转向, 但可以引起电畴边界的移动, 使得与电场同向的电畴体积增大, 而与电场反向的电畴体积减小。这样, 形变随着电场近似线性变化。

通常利用剩余极化可起到极化电场的作用。为了使极化更容易, 常采用加温极化, 即首先将陶瓷加热到高于居里温度后, 加上直流电场, 然后冷却到室温再去掉电场。

使一个处于极化状态的压电陶瓷在电场作用下极化至饱和, 然后移去电场, 此时陶瓷保留有剩余极化强度。在生产压电陶瓷的工艺中, 该工序称为极化处理。而经过极化处理保留有剩余极化的压电陶瓷称为处于极化状态的压电陶瓷。只有经过极化处理后的陶瓷才有线性压电效应, 亦即只有经过极化处理后的陶瓷才是压电陶瓷。

下面介绍压电陶瓷的压电效应。图 2.4(a) 表示未极化的压电陶瓷, 其电畴杂乱排列, 不具有压电效应。经过极化处理后, 各电畴的自发极化在一定程度上按外电场的取向排列。因此, 陶瓷片内的极化强度不再为零。在与电矩方向垂直的两

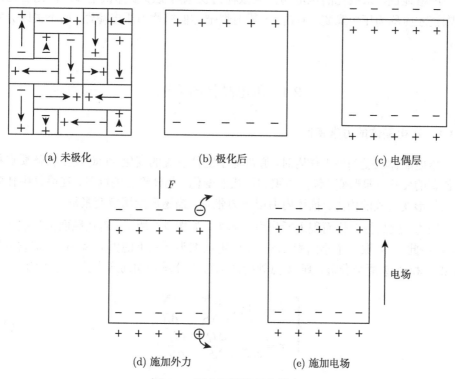

(a) 未极化　　　　　(b) 极化后　　　　　(c) 电偶层

(d) 施加外力　　　　　(e) 施加电场

图 2.4　压电陶瓷的压电效应

个面上出现数量相等、符号相反的束缚电荷，如同一个大的电偶极子，如图 2.4(b)所示。但其表面上的束缚电荷很快就被外界或内部迁移过来的自由电荷中和，形成电偶层，如图 2.4(c) 所示。如果在陶瓷片上加上与极化方向平行的压力 F，如图 2.4(d) 所示，陶瓷将产生压缩形变，片内正、负束缚电荷之间的距离变小，极化强度也变小。原来迁移过来的部分自由电荷被释放，所以陶瓷片沿极化方向被压缩时会出现放电现象。当压力撤销后，陶瓷片恢复原状，片内正、负电荷之间的距离变大，极化强度也变大，因此电极上吸附一部分电荷而出现充电现象。类似地，当陶瓷片沿极化方向被拉长时，也会出现充电现象，这就是压电效应。

如果在陶瓷片上施加一个与极化方向相同的电场，如图 2.4 (e) 所示，由于电场方向与极化方向相同，所以电场的作用使极化强度增大。这时陶瓷片内的正、负束缚电荷之间的距离也增大，也就是说，陶瓷片沿极化方向产生伸长形变。同理，如果外加电场的方向与极化方向相反，则陶瓷片沿极化方向产生缩短形变，这就是反向压电效应。

由此可见，处于极化状态的压电陶瓷具有近似的压电效应和反向压电效应，在处理换能器问题时，可把它当作压电晶体来处理。

严格地说，未极化的压电陶瓷应该称为铁电陶瓷或多晶铁电体，极化后的铁电陶瓷才应称为压电陶瓷。但是，一般习惯把它们统称为压电陶瓷，而不去区分它们。

2.4　压电晶体的特性

2.4.1　压电晶体的力学特性

压电晶体在受到外力作用时，通常除了物体位置的变化，同时发生物体质点相对位置的变化，即形变，包括体积和形状的变化。晶体形变的同时，在晶体中伴随产生与形变有关的内力。描述内力用应力张量，描述形变用应变张量。

应力，就是指单位面积上所作用的内力。如图 2.5 所示，若在截面上任取一点 A，环绕此点 A 取一个小面积 ΔS。设作用在细小面积上的内力为 ΔP，把它分解为 ΔN 和 ΔQ 两个分量，则 A 点处的法向应力分量和切向应力分量分别为

$$\begin{cases} \sigma = \lim\limits_{\Delta S \to 0} \dfrac{\Delta N}{\Delta S} = \dfrac{\mathrm{d}N}{\mathrm{d}S} \\ \tau = \lim\limits_{\Delta S \to 0} \dfrac{\Delta Q}{\Delta S} = \dfrac{\mathrm{d}Q}{\mathrm{d}S} \end{cases} \tag{2.1}$$

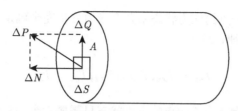

图 2.5 物体内部应力表示

在任意选择的直角坐标系中，一个应力 T_n 可由其在 x、y、z 坐标轴上的三个投影 T_{nx}、T_{ny}、T_{nz} 来表示，如图 2.6 所示。作用在与坐标轴垂直的面积上的应力用如下记号表示：

$$T_{xx} \quad T_{xy} \quad T_{xz} \text{ (垂直于 } x \text{ 轴)}$$
$$T_{yx} \quad T_{yy} \quad T_{yz} \text{ (垂直于 } y \text{ 轴)}$$
$$T_{zx} \quad T_{zy} \quad T_{zz} \text{ (垂直于 } z \text{ 轴)}$$

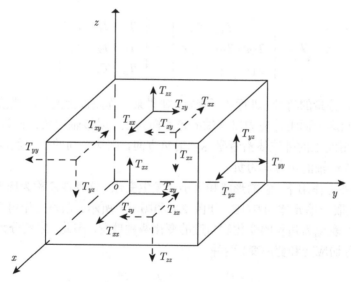

图 2.6 应力张量 T 的分量

图 2.6 中，下标表示这个应力的作用面和作用方向，前一个下标表示力的作用面垂直于相应坐标轴，后一个下标表示力的作用方向沿着相应坐标轴。例如，作用于垂直于 x 轴的平面 yoz 上的三个应力分量用 T_{xx}、T_{xy} 及 T_{xz} 来表示，其余各应力分量如图 2.6 所示。T_{xx}、T_{yy}、T_{zz} 方向与其作用的表面垂直，称为正应力，其余应力分量的方向在作用面内，称为剪应力或切应力。例如，T_{xx} 表示作用于与 x 轴垂直的平面上的正应力；T_{xy} 表示作用于与 x 轴垂直的平面上的沿 y 轴的剪应力（或称切应力）。这九个应力分量构成的二阶张量有着重要的物理意义。在弹性力学

中已经证明：在任意一点的应力状态由九个应力分量完全确定，从应力平衡条件可以证明剪应力互等定律，即

$$T_{yx} = T_{xy}, T_{xz} = T_{zx}, T_{yz} = T_{zy} \tag{2.2}$$

也就是说，描绘物体内任一点的应力状态只需要六个独立的应力分量。这六个独立的应力分量称为应力张量分量，它们组成对称的二阶张量，应力张量可用矩阵表示为

$$\boldsymbol{T} = \begin{bmatrix} T_{xx} & T_{xy} & T_{xz} \\ T_{xy} & T_{yy} & T_{yz} \\ T_{xz} & T_{yz} & T_{zz} \end{bmatrix} \tag{2.3}$$

为书写方便，将下角标改为 $x \rightarrow 1, y \rightarrow 2, z \rightarrow 3$，并进一步简写为 $11 \rightarrow 1, 22 \rightarrow 2, 33 \rightarrow 3, 23 \rightarrow 4, 13 \rightarrow 5, 12 \rightarrow 6$，所以

$$\boldsymbol{T} = \begin{bmatrix} T_{11} & T_{12} & T_{13} \\ T_{12} & T_{22} & T_{23} \\ T_{13} & T_{23} & T_{33} \end{bmatrix} = \begin{bmatrix} T_1 & T_6 & T_5 \\ T_6 & T_2 & T_4 \\ T_5 & T_4 & T_3 \end{bmatrix} \tag{2.4}$$

关于应力分量的符号，进行如下规定：如果某一作用面上的外法线沿着坐标轴的正方向，则这个面上的应力以该轴的正方向为正，以该轴的负方向为负。相反，如果某一作用面上的外法线沿着坐标轴的负方向，则这个面的应力就以该轴的负方向为正，以该轴的正方向为负。

物体在外力作用下，它的形状和大小会发生变化，这种现象称为应变。在物体内某点 A 处取一单元体 $ABDC$，如图 2.7 和图 2.8 所示。在外力作用下，该单元发生应变，并表现为边长的变化和角度的变化两种情况。因此，应变分为线应变和角应变 (或称切应变和剪应变) 两种。

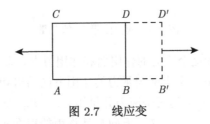

图 2.7　线应变

线应变，就是在形变时单位长线段的长度变化量，如图 2.7 所示。对于图 2.7 中的单元体，设在未变形前该单元的边长 $AB = \Delta x$，在沿边长 AB 方向受拉力作用下，B 点和 D 点分别移动到 B' 点和 D' 点，均沿边长 AB 方向移动一段距离

Δu，即 $BB' = DD' = u$，此时边长 AB 的单位长度的平均伸长量称为平均线应变，以 $e_{\text{平均}}$ 表示，即

$$e_{\text{平均}} = \frac{BB'}{AB} = \frac{\Delta u}{\Delta x} \tag{2.5}$$

把 Δx 无限缩小取其极限值，即得 A 点处的线应变，为

$$e = \lim_{\Delta x \to 0} \frac{\Delta u}{\Delta x} = \frac{\partial u}{\partial x} \tag{2.6}$$

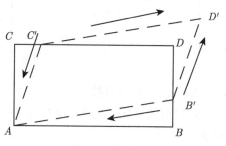

图 2.8 角应变

角应变，即在单元体各边受切力 (或剪力)作用下变形时一个直角的角度变化量，如图 2.8 所示。在未变形前，$AB = \Delta x$，$AC = \Delta y$，$\angle CAB = \frac{\pi}{2}$。变形后，$B$ 点移到 B' 点，位移了一个距离 Δv，即 $BB' = \Delta v$；C 点移动到 C'，位移了一个距离 Δu，即 $CC' = \Delta u$。于是

$$\begin{cases} \tan \angle B'AB = \dfrac{\Delta v}{\Delta x} \\ \tan \angle C'AC = \dfrac{\Delta u}{\Delta y} \end{cases} \tag{2.7}$$

而 $\angle CAB$ 则由原来的直角减小了一个量 $\angle B'AB + \angle C'AC$。由于在弹性形变时，角度变化很小，故

$$\begin{cases} \tan \angle B'AB \approx \angle B'AB = \dfrac{\Delta v}{\Delta x} \\ \tan \angle C'AC \approx \angle C'AC = \dfrac{\Delta u}{\Delta y} \end{cases} \tag{2.8}$$

因此 $\angle CAB$ 的减小量为 $\dfrac{\Delta v}{\Delta x} + \dfrac{\Delta u}{\Delta y}$。如果 Δx 和 Δy 无限缩小，那么它的极限就是在 A 点处的角应变，以 γ 表示，即

$$\gamma = \lim_{\Delta x \to 0} \frac{\Delta v}{\Delta x} + \lim_{\Delta y \to 0} \frac{\Delta u}{\Delta y} = \frac{\partial v}{\partial x} + \frac{\partial u}{\partial y} \tag{2.9}$$

对于压电换能器，其压电晶体可以认为是均匀、连续的，形变是微小、完全弹性的，因此可把应力张量和应变张量看成线性关系，用胡克定律描述。压电陶瓷未经极化处理，是各向同性体。但如果压电陶瓷经沿 z 轴极化处理后，则它沿 z 轴的特性就与 x 轴和 y 轴的特性不同，故有

$$
\begin{bmatrix} S_1 \\ S_2 \\ S_3 \\ S_4 \\ S_5 \\ S_6 \end{bmatrix} = \begin{bmatrix} s_{11} & s_{12} & s_{13} & & & \\ s_{21} & s_{22} & s_{23} & & & \\ s_{31} & s_{32} & s_{33} & & & \\ & & & s_{44} & & \\ & & & & s_{55} & \\ & & & & & s_{66} \end{bmatrix} \begin{bmatrix} T_1 \\ T_2 \\ T_3 \\ T_4 \\ T_5 \\ T_6 \end{bmatrix} \tag{2.10}
$$

式中，S_i 为应变；T_i 为应力；s_{ij} 为柔性系数。

假设换能器中压电陶瓷材料的极化方向为 z 轴，则在 ANSYS 软件中所设置的压电材料的柔性矩阵为

$$
[s^E] = \begin{bmatrix} s_{11}^E & s_{12}^E & s_{13}^E & 0 & 0 & 0 \\ & s_{11}^E & s_{13}^E & 0 & 0 & 0 \\ & & s_{33}^E & 0 & 0 & 0 \\ & & & s_{66}^E & 0 & 0 \\ & & & & s_{44}^E & 0 \\ & & & & & s_{44}^E \end{bmatrix} \tag{2.11}
$$

式中，s_{66}^E 如果没有直接给出，可通过式 (2.12) 求出：

$$
s_{66}^E = 2(s_{11}^E - s_{12}^E) \tag{2.12}
$$

知道了压电材料的柔性矩阵后，可得到压电材料的刚度矩阵为

$$
[c^E] = [s^E]^{-1} \tag{2.13}
$$

柔性矩阵中各元素是按照 ANSYS 软件所要求的格式进行排列的。这种排列是因为压电材料生产商提供的数据力向量的方向顺序通常是 $\{x, y, z, yz, xz, xy\}$，而 ANSYS 软件中力向量的方向顺序为 $\{x, y, z, xy, yz, xz\}$。s^E 为常数电场下的柔性矩阵，第一个下标代表应变的方向，第二个下标代表应力的方向。为了得到压电材料在 ANSYS 软件中的柔性矩阵，需要知道材料在各方向上的柔性系数，即 s_{11}^E、s_{12}^E、s_{13}^E、s_{33}^E 和 s_{44}^E。

压电材料的柔性矩阵也可以写成:

$$[s^E] = \begin{bmatrix} \dfrac{1}{E_x} & \dfrac{-v_{xy}}{E_x} & \dfrac{-v_{xz}}{E_x} & 0 & 0 & 0 \\[2mm] & \dfrac{1}{E_y} & \dfrac{-v_{yz}}{E_y} & 0 & 0 & 0 \\[2mm] & & \dfrac{1}{E_z} & 0 & 0 & 0 \\[2mm] & & & \dfrac{1}{G_{xy}} & 0 & 0 \\[2mm] & & & & \dfrac{1}{G_{yz}} & 0 \\[2mm] & & & & & \dfrac{1}{G_{xz}} \end{bmatrix} \tag{2.14}$$

通过比较可得

$$E_x = \frac{1}{s_{11}^E} = E_y \tag{2.15}$$

$$E_z = \frac{1}{s_{33}^E} \tag{2.16}$$

$$G_{xy} = \frac{1}{2(s_{11}^E - s_{12}^E)} = \frac{E_x}{2(1 + v_{xy})} \tag{2.17}$$

$$G_{yz} = \frac{1}{s_{44}^E} = G_{xz} \tag{2.18}$$

$$v_{xy} = -\frac{s_{12}^E}{s_{11}^E} \tag{2.19}$$

$$v_{yz} = -\frac{s_{13}^E}{s_{33}^E} = v_{xz} \tag{2.20}$$

式中, E_x、E_y、E_z 分别为压电材料 x、y、z 方向的杨氏模量; v_{xy} 为 x 与 y 方向的泊松比; v_{yz} 为 y 与 z 方向的泊松比; v_{xz} 为 x 与 z 方向的泊松比; G_{xy} 为 xy 平面的切向模量; G_{yz} 为 yz 平面的切向模量; G_{xz} 为 xz 平面的切向模量。

2.4.2 压电晶体的介电性

压电晶体都是电介质,电介质在电场作用下要发生极化。极化状态是指电场对电介质的带电质点产生相对位移的作用力与电荷间的相互吸引力的暂时平衡统一的状态。电场是极化的外因,极化的内因在于电介质的内部。电极化有三种来源:电子的位移极化、离子的位移极化和固有电矩的转向极化。如果存在空间电荷,还包括空间电荷的极化。

　　对于各向同性的电介质，电极化强度矢量的方向与电场强度矢量的方向相同。然而，压电晶体都是各向异性的，其电极化强度矢量的方向与电场强度矢量的方向往往不相同。例如，若沿 x 轴作用一个电场，晶体不仅在 x 轴方向产生电极化，而且在 y 轴和 z 轴方向也产生电极化。沿 y 轴或 z 轴作用电场时，情况也类似。

　　在国际单位制中，压电晶体的电位移 D、电场强度 E 和极化强度 P 满足

$$D = \varepsilon_0 E + P \tag{2.21}$$

$$\begin{bmatrix} D_1 \\ D_2 \\ D_3 \end{bmatrix} = \varepsilon_0 \begin{bmatrix} E_1 \\ E_2 \\ E_3 \end{bmatrix} + \begin{bmatrix} P_1 \\ P_2 \\ P_3 \end{bmatrix} \tag{2.22}$$

式中，ε_0 为真空中 (或静态) 的介电常数，$\varepsilon_0 = 8.85 \times 10^{-12} \text{C}/(\text{V·m})$。

　　电位移矢量 D 和电场强度矢量 E 满足下面的关系：

$$\begin{bmatrix} D_1 \\ D_2 \\ D_3 \end{bmatrix} = \begin{bmatrix} \varepsilon_{11} & \varepsilon_{12} & \varepsilon_{13} \\ \varepsilon_{21} & \varepsilon_{22} & \varepsilon_{23} \\ \varepsilon_{31} & \varepsilon_{32} & \varepsilon_{33} \end{bmatrix} \begin{bmatrix} E_1 \\ E_2 \\ E_3 \end{bmatrix} \tag{2.23}$$

式中，ε_{ij} 为介电常数分量，它是一个表征材料介电特性的物理量。

　　压电陶瓷经沿 z 轴极化处理后，其介电常数张量的矩阵表示式为

$$\varepsilon = \begin{bmatrix} \varepsilon_{11} & 0 & 0 \\ 0 & \varepsilon_{11} & 0 \\ 0 & 0 & \varepsilon_{33} \end{bmatrix} \tag{2.24}$$

独立的介电常数只有 2 个，即 ε_{11} 和 ε_{33}。

　　ANSYS 软件中要求压电材料的介电矩阵是在常数应变下计算得到的，然而压电材料生产商提供的介电矩阵通常是在常数应力下计算得到的，因此需要对其进行转换。

　　可以通过式 (2.25) 计算压电材料在常数应变下的介电矩阵：

$$[\varepsilon^S] = [\varepsilon^T] - [d]^{\text{T}}[s^E]^{-1}[d] \tag{2.25}$$

式中，$[\varepsilon^T]$ 为压电材料生产商提供的常数应力下的介电矩阵。

　　所求得的介电矩阵为对角矩阵形式：

$$[\varepsilon^S] = \begin{bmatrix} \varepsilon_{11}^S & 0 & 0 \\ & \varepsilon_{11}^S & 0 \\ & & \varepsilon_{33}^S \end{bmatrix} = \varepsilon_0 \begin{bmatrix} K_{11}^S & 0 & 0 \\ & K_{11}^S & 0 \\ & & K_{33}^S \end{bmatrix} \tag{2.26}$$

式中，ε_0 为自由空间的介电常数；$K_{11}^S = \dfrac{\varepsilon_{11}^S}{\varepsilon_0}$，$K_{33}^S = \dfrac{\varepsilon_{33}^S}{\varepsilon_0}$ 为相对介电常数。矩阵元素中第一个下标代表介电位移的方向，第二个下标代表电场的方向。

2.4.3 压电效应与压电方程

当压电晶体因受到外力作用而发生形变时，在它的某些表面会出现电荷，这种效应称为压电效应。

电荷与应力的关系由介质电位移 D 和应力 T 表达如下：

$$D = d^{\mathrm{T}}T \tag{2.27}$$

$$\begin{pmatrix} D_1 \\ D_2 \\ D_3 \end{pmatrix} = \begin{bmatrix} d_{11} & d_{12} & d_{13} & d_{14} & d_{15} & d_{16} \\ d_{21} & d_{22} & d_{23} & d_{24} & d_{25} & d_{26} \\ d_{31} & d_{32} & d_{33} & d_{34} & d_{35} & d_{36} \end{bmatrix} \begin{pmatrix} T_1 \\ T_2 \\ T_3 \\ T_4 \\ T_5 \\ T_6 \end{pmatrix} \tag{2.28}$$

式中，D 为介质电位移；d 为压电常数；T 为应力。

压电晶体在外电场的作用下会发生形变，这种效应称为逆压电效应。

施加的电场 E 与应变 S 的关系表达如下：

$$S = dE \tag{2.29}$$

$$\begin{pmatrix} S_1 \\ S_2 \\ S_3 \\ S_4 \\ S_5 \\ S_6 \end{pmatrix} = \begin{bmatrix} d_{11} & d_{21} & d_{31} \\ d_{12} & d_{22} & d_{32} \\ d_{13} & d_{23} & d_{33} \\ d_{14} & d_{24} & d_{34} \\ d_{15} & d_{25} & d_{35} \\ d_{16} & d_{26} & d_{36} \end{bmatrix} \begin{pmatrix} E_1 \\ E_2 \\ E_3 \end{pmatrix} \tag{2.30}$$

式中，S 为应变；d 为压电常数；E 为电场强度。

通常，压电材料生产商提供的压电矩阵为 $[d]$，反映应变与电场的关系。然而，ANSYS 软件要求的压电矩阵为 $[e]$，反映应力与电场的关系，因此需要在这二者之间进行转换。

压电矩阵 $[e]$ 与 $[d]$ 之间的关系式为

$$[e] = [s^E]^{-1}[d] \tag{2.31}$$

假设压电陶瓷材料极化方向为 z 轴方向，非极化方向对称，则反映应变与电场关系的压电矩阵为

$$[d]^{\mathrm{T}} = \begin{bmatrix} 0 & 0 & 0 & 0 & 0 & d_{15} \\ 0 & 0 & 0 & 0 & d_{15} & 0 \\ d_{31} & d_{31} & d_{33} & 0 & 0 & 0 \end{bmatrix} \quad (2.32)$$

矩阵元素是按 ANSYS 软件中所要求的力向量方向顺序 $\{x, y, z, xy, yz, xz\}$ 排列的。第一个下标代表电场的方向，第二个下标代表应变的方向。

反映应力与电场关系的压电矩阵为

$$[e] = \begin{bmatrix} 0 & 0 & e_{31} \\ 0 & 0 & e_{31} \\ 0 & 0 & e_{33} \\ 0 & 0 & 0 \\ 0 & e_{15} & 0 \\ e_{15} & 0 & 0 \end{bmatrix} \quad (2.33)$$

这个矩阵即为 ANSYS 软件中对压电换能器进行计算时所要用到的压电矩阵。

压电晶体在弹性范围内，由于应变可由应力和电场两方面产生，电位移也可由应力和电场两方面产生，再依据弹性力学关系式、介电关系式，以及压电效应表示式可以得到压电晶体的压电方程。

大多数的压电材料生产商公布的压电材料参数是基于以下 d-型压电方程：

$$\{S\} = [s^E]\{T\} + [d]\{E\} \quad (2.34)$$

$$\{D\} = [d]^{\mathrm{T}}\{T\} + [\varepsilon^T]\{E\} \quad (2.35)$$

式中，$\{T\}$ 为应力向量 (6 个分量的方向顺序为 x, y, z, yz, xz, xy)；$\{S\}$ 为应变向量 (6 个分量的方向顺序为 x, y, z, yz, xz, xy)；$\{D\}$ 为电位移向量 (3 个分量的方向顺序为 x, y, z)；$\{E\}$ 为电场向量 (3 个分量的方向顺序为 x, y, z)；$[s^E]$ 为常数电场下的顺性矩阵；$[d]$ 为压电矩阵，反映应变与电场的关系；$[d]^{\mathrm{T}}$ 为压电矩阵 $[d]$ 的转置；$[\varepsilon^T]$ 为常数应力下的介电矩阵。

在 ANSYS 软件中，用来解决压电问题的压电关系的基本方程为 e-型压电方程：

$$\{T\} = [c^E]\{S\} - [e]\{E\} \quad (2.36)$$

$$\{D\} = [e]^{\mathrm{T}}\{S\} + [\varepsilon^S]\{E\} \quad (2.37)$$

式中，$\{T\}$ 为应力向量 (6 个分量的方向顺序为 x,y,z,xy,yz,xz)；$\{S\}$ 为应变向量 (6 个分量的方向顺序为 x,y,z,xy,yz,xz)；$\{D\}$ 为电位移向量 (3 个分量的方向顺序为 x,y,z)；$\{E\}$ 为电场向量 (3 个分量的方向顺序为 x,y,z)；$[c^E]$ 为常数电场下的刚度矩阵；$[e]$ 为压电矩阵，反映应力与电场的关系；$[e]^T$ 为压电矩阵 $[e]$ 的转置；$[\varepsilon^S]$ 为常数应变下的介电矩阵。

ANSYS 软件中要求压电材料的参数按照 e-型压电方程的关系给出，然而压电材料生产商通常按 d-型压电方程的关系给出压电材料的参数。为了把压电材料生产商公布的压电材料的参数转变为 ANSYS 软件所要求的格式，d-型压电方程与 e-型压电方程之间可进行变换。由 d-型压电方程式 (2.34) 可得

$$[s^E]\{T\} = \{S\} - [d]\{E\} \tag{2.38}$$

式 (2.38) 可变为

$$\{T\} = [s^E]^{-1}\{S\} - [s^E]^{-1}[d]\{E\} \tag{2.39}$$

将式 (2.39) 代入式 (2.35) 可得

$$\{D\} = [d]^{\mathrm{T}}\{[s^E]^{-1}\{S\} - [s^E]^{-1}[d]\{E\}\} + [\varepsilon^T]\{E\} \tag{2.40}$$

式 (2.40) 即为

$$\{D\} = [d]^{\mathrm{T}}[s^E]^{-1}\{S\} + \{[\varepsilon^T] - [d]^{\mathrm{T}}[s^E]^{-1}[d]\}\{E\} \tag{2.41}$$

把方程式 (2.40)、方程式 (2.41) 与方程式 (2.36)、方程式 (2.37) 进行比较，可得到关于压电材料参数供应商所提供的参数与 ANSYS 软件所要求的参数间的关系式，为

$$[c^E] = [s^E]^{-1} \tag{2.42}$$

$$[\varepsilon^S] = [\varepsilon^T] - [d]^{\mathrm{T}}[s^E]^{-1}[d] \tag{2.43}$$

$$[e] = [s^E]^{-1}[d] \tag{2.44}$$

以上是进行压电材料参数转换的基础。需要注意的是，压电材料生产商提供的数据力向量的方向顺序通常是 $\{x,y,z,yz,xz,xy\}$，而 ANSYS 软件中数据力向量的方向顺序为 $\{x,y,z,xy,yz,xz\}$，在计算中要进行材料参数方向的转换。

在用 ANSYS 软件对压电换能器进行有限元建模与计算时，如果使用三维模型，有时模型太复杂，运算量十分庞大，问题得不到解决。如果压电换能器是轴对称的，把压电换能器的三维模型转换为二维模型进行求解，可使计算得到简化。在压电材料的三维有限元模型中，坐标轴为 x、y、z 轴，z 轴为极化方向，在二维有

限元模型中，坐标轴为 x、y 轴，y 轴为极化方向。为了对压电换能器进行二维有限元分析，需要将压电材料的三维参数矩阵转化为二维参数矩阵。

　　压电材料的柔性矩阵由三维转化为二维公式为

$$
[s^E] =
\begin{array}{c}
\begin{array}{cccccc}
x & y & z & xy & yz & xz
\end{array} \\
\begin{bmatrix}
s_{11}^E & s_{12}^E & s_{13}^E & 0 & 0 & 0 \\
 & s_{11}^E & s_{13}^E & 0 & 0 & 0 \\
 & & s_{33}^E & 0 & 0 & 0 \\
 & & & 2(s_{11}^E - s_{12}^E) & 0 & 0 \\
 & & & & s_{44}^E & 0 \\
 & & & & & s_{44}^E
\end{bmatrix}
\begin{array}{c}
x \\ y \\ z \\ xy \\ yz \\ xz
\end{array}
\end{array}
\longrightarrow
$$

$$
\begin{array}{c}
\begin{array}{cccc}
x & y & xy & xz
\end{array} \\
\begin{bmatrix}
s_{11}^E & s_{13}^E & s_{12}^E & 0 \\
 & s_{33}^E & s_{13}^E & 0 \\
 & & s_{11}^E & 0 \\
 & & & s_{44}^E
\end{bmatrix}
\begin{array}{c}
x \\ y \\ xy \\ xz
\end{array}
\end{array}
\tag{2.45}
$$

　　压电材料的压电矩阵由三维转化为二维公式为

$$
[e] =
\begin{array}{c}
\begin{array}{ccc}
x & y & z
\end{array} \\
\begin{bmatrix}
0 & 0 & e_{31} \\
0 & 0 & e_{31} \\
0 & 0 & e_{33} \\
0 & 0 & 0 \\
0 & e_{15} & 0 \\
e_{15} & 0 & 0
\end{bmatrix}
\begin{array}{c}
x \\ y \\ z \\ xy \\ yz \\ xz
\end{array}
\end{array}
\longrightarrow
\begin{array}{c}
\begin{array}{cc}
x & y
\end{array} \\
\begin{bmatrix}
0 & e_{31} \\
0 & e_{33} \\
0 & e_{31} \\
e_{15} & 0
\end{bmatrix}
\begin{array}{c}
x \\ y \\ xy \\ xz
\end{array}
\end{array}
\tag{2.46}
$$

　　压电材料的介电矩阵由三维转化为二维公式为

$$
[\varepsilon^S] =
\begin{array}{c}
\begin{array}{ccc}
x & y & z
\end{array} \\
\begin{bmatrix}
\varepsilon_{11}^S & 0 & 0 \\
0 & \varepsilon_{22}^S & 0 \\
0 & 0 & \varepsilon_{33}^S
\end{bmatrix}
\begin{array}{c}
x \\ y \\ z
\end{array}
\end{array}
\longrightarrow
\begin{array}{c}
\begin{array}{cc}
x & y
\end{array} \\
\begin{bmatrix}
\varepsilon_{11}^S & 0 \\
0 & \varepsilon_{33}^S
\end{bmatrix}
\begin{array}{c}
x \\ y
\end{array}
\end{array}
\tag{2.47}
$$

　　由式 (2.45)～ 式 (2.47) 就可以把压电换能器陶瓷材料的参数矩阵由三维转化

为二维, 这样就可以在 ANSYS 软件中建立压电换能器的轴对称有限元模型, 使计算得到简化。

2.5 压电材料的参数

压电材料是压电换能器研制、应用和发展的关键, 早期应用的压电材料是压电单晶, 如石英晶体等。

压电陶瓷的出现开辟了压电材料的广阔前景, 也使压电换能器的理论发展和实际应用提高到一个新的高度。压电陶瓷是多晶体, 未经过极化时是各向同性的, 不具有压电性, 极化后的压电陶瓷具有压电性。

近年来, 在新型压电材料弛豫铁电单晶 (PMN-PT) 的研究上取得突破性进展, 该材料对换能器有着重要的应用前景。

压电材料的弹性常数、介电常数和压电常数等参数的含义如前面所述。下面介绍压电材料的另外几个参数。

1. 机电耦合系数

由于压电材料的压电效应和逆压电效应的存在, 当使压电体受力或在电场作用下获得能量时, 机械能 (或电能) 中的一部分要转换为电能 (或机械能), 这种转换的程度用机电耦合系数来表示, 它的定义为

$$k^2 = \frac{通过逆压电效应转换的机械能}{输入的电能} \tag{2.48}$$

或者

$$k^2 = \frac{通过压电效应转换的电能}{输入的机械能} \tag{2.49}$$

机电耦合系数是一个无量纲的量, 反映了压电材料的机械能与电能之间的耦合关系, 是压电材料的一个很重要的参数。

2. 介质损耗因子和电学品质因数

压电材料作为电介质, 总有些损耗。电介质损耗主要是由极化弛豫和漏电引起的。介质损耗使压电材料发热, 大功率条件下会损坏换能器部件或使陶瓷去极化。而对于实际电介质, 由于存在弛豫, 电位移将落后电场强度一个相位 δ_e, $\tan\delta_e$ 和损耗能量成正比, 常用 $\tan\delta_e$ 来表示介质损耗, 称为介质损耗因子或介质损耗角正切。电学品质因数 Q_e 定义为: 单位时间内电路中储存的能量与消耗的能量之比, 等于 $1/\tan\delta_e$。

3. 机械损耗因子和机械品质因数

机械损耗因子 $\tan\delta_m$ 和机械品质因数 Q_m 反映了压电材料机械损耗的大小。产生机械损耗的原因主要是材料的内摩擦。机械损耗使材料发热而消耗能量，并使材料的性能下降。发射换能器材料一般要求机械损耗小 (即 $\tan\delta_m$ 小或 Q_m 大)，以提高发射效率，但有时希望增加带宽，需要 $\tan\delta_m$ 大或 Q_m 小的材料。机械品质因数 Q_m 的定义为：每周期内单位体积储存的机械能与损耗的机械能之比的 2π 倍，等于 $1/\tan\delta_m$。

4. 温度稳定性和居里温度

压电材料的性能一般与温度有关，对于压电陶瓷尤其如此。为了描述压电材料性能的稳定性，通常采用在指定温度范围内，物理量的最大偏离值与室温时测量值的比值来表示该物理量的稳定性。因为压电材料的电偶极子在过高温度时由于热扰动会回到无序状态发生退极化，所以对于不同的压电材料，均存在一个特定温度 T_c。

当材料所处的温度高于 T_c 时，材料的压电性能将发生变化甚至完全消失，这个特定温度称为居里温度。因此，要连续保持材料的压电性能不发生明显的变化，必须使它在远低于居里温度下工作。对于压电材料，一般安全温度的极限是在 0℃ 与居里温度之间的 1/2 处。

5. 电退极化

若在压电陶瓷上施加与原来的极化电场反向的强电场，往往引起退极化。当外加静电场时，退极化的典型值在 500~1000V/mm。若材料在交变电场作用下，在交变电场和极化电场反向的半周期内，交变电场也具有退极化效应，退极化的程度是所施加的交变电场和温度的函数。对典型的钛酸钡压电陶瓷，在室温时，在 400V/mm(有效值) 的电场作用下开始有明显的退极化，到 800V/mm(有效值) 时基本已完全退极化。因而对于压电材料，所施加交变电场的场强应小于交流退极化场强。

6. 额定动态抗张强度

当机械交变应力超过某一值时，材料就要破裂，即使低于此值，应变的反复变化也会导致机械疲劳。

压电陶瓷的抗张强度要比抗压强度低得多。额定动态抗张强度规定了在交变应力作用下不发生断裂和机械疲劳的上限值。换能器的机械功率极限由额定动态抗张强度所限制。为了合理地设计和使用大功率换能器，必须了解压电材料的额定动态抗张强度。

2.6 常用压电材料的性质

常用压电材料如 PZT-4、PZT-5、PZT-8、PMN-PT 等材料的性能如下。

PZT-4(亦称发射型)：介电常数、机电耦合系数和压电常数均较大，具有低的介电损耗和机械损耗、大的交流退极化场，适用于强电场、大机械振幅的激励，因而用作发射换能器。

PZT-5(亦称接收型)：各机电参数具有优异的温度和时间稳定性，并有高压电应变常数和较高的机电耦合系数，对小功率共振和非共振使用都很适合，故用作接收换能器。

PZT-8(收发两用型)：抗张强度和稳定性优于 PZT-4，而介电常数、机电耦合系数、压电常数则比 PZT-4 略低，同时具有高机械品质因数，适合用作收发两用换能器，尤其适用于高机械振幅的激励。

PMN-PT：弛豫铁电单晶材料，PMN-PT 材料与传统的压电陶瓷 PZT-4 材料相比，杨氏模量减小到其 1/5 左右，压电常数 d_{33} 可达 2000pC/N 以上，为 PZT-4 材料的 6~10 倍，机电耦合系数 k_{33} 达到 92% 以上，远高于 PZT-4 材料的 70% 左右，其应变量比压电陶瓷高出一个数量级，研究表明，PMN-PT 材料制作的换能器比压电陶瓷 PZT-4 材料制作的换能器发射电压响应和带宽要高很多 [90-92]。

表 2.1 中列出了几种常用换能器压电材料的性能参数。

表 2.1 各类压电材料的性能参数

材料参数	PZT-4	PZT-5A	PZT-5H	PZT-8	PMN-33%PT
k_p	0.58	0.60	0.65	0.51	0.9290
k_{31}	0.334	0.344	0.388	0.30	0.5916
k_{33}	0.70	0.705	0.752	0.64	0.9569
k_{15}	0.513	0.486	0.505	0.55	0.3323
k_t	0.513	0.486	0.505	0.48	0.6326
$\varepsilon_{33}^T/\varepsilon_0$	1300	1700	3400	1000	8200
$\varepsilon_{11}^T/\varepsilon_0$	1475	1730	3130	1290	1600
$\varepsilon_{11}^S/\varepsilon_0$	730	916	1700	900	1434
$\varepsilon_{33}^S/\varepsilon_0$	635	830	1470	600	679
Q_E	250	1400	50	250	—
$d_{33}/(\text{pC/N})$	289	374	593	225	2820
$d_{31}/(\text{pC/N})$	−123	−171	−274	−97	−1335
$d_{15}/(\text{pC/N})$	496	584	741	330	146.1
$g_{33}/(10^{-3}\text{Vm/N})$	26.1	24.8	19.7	25.4	38.84

续表

材料参数	PZT-4	PZT-5A	PZT-5H	PZT-8	PMN-33%PT
$g_{31}/(10^{-3}\mathrm{Vm/N})$	−11.1	−11.4	−9.11	−10.9	−18.39
$g_{15}/(10^{-3}\mathrm{Vm/N})$	39.4	38.2	26.8	28.9	10.31
$e_{33}/(\mathrm{C/m^2})$	15.1	15.8	23.3	14.0	20.4
$e_{31}/(\mathrm{C/m^2})$	−5.2	−5.4	−6.55	−4.1	−3.390
$e_{15}/(\mathrm{C/m^2})$	12.7	12.3	17.0	10.3	10.08
$h_{33}/(\mathrm{GV/m})$	2.68	2.15	1.8	2.64	3.394
$h_{31}/(\mathrm{GV/m})$	−0.92	−0.73	−0.505	−0.77	−0.5396
$h_{15}/(\mathrm{GV/m})$	1.97	1.52	1.13	1.29	0.7938
$s_{33}^{E}/(\mathrm{pm^2/N})$	15.5	18.8	20.7	13.5	119.6
$s_{11}^{E}/(\mathrm{pm^2/N})$	12.3	16.4	16.5	11.5	70.15
$s_{12}^{E}/(\mathrm{pm^2/N})$	−4.05	−5.74	−4.78	−3.7	−13.19
$s_{13}^{E}/(\mathrm{pm^2/N})$	−5.31	−7.22	−8.45	−4.8	−55.96
$s_{44}^{E}/(\mathrm{pm^2/N})$	39.0	47.5	43.5	31.9	14.49
$s_{66}^{E}/(\mathrm{pm^2/N})$	32.7	44.3	42.6	29.6	—
$s_{33}^{D}/(\mathrm{pm^2/N})$	7.90	9.46	8.99	8.5	10.08
$s_{11}^{D}/(\mathrm{pm^2/N})$	10.9	14.4	14.05	10.1	45.6
$s_{12}^{D}/(\mathrm{pm^2/N})$	−5.42	−7.71	−7.27	−4.5	−37.74
$s_{13}^{D}/(\mathrm{pm^2/N})$	−2.1	−2.98	−3.05	−2.5	−4.111
$s_{44}^{D}/(\mathrm{pm^2/N})$	19.3	25.2	23.7	22.6	12.99
$c_{33}^{E}/(10^{10}\mathrm{N/m^2})$	11.5	11.1	11.7	13.2	10.38
$c_{11}^{E}/(10^{10}\mathrm{N/m^2})$	13.9	12.1	12.6	14.9	11.5
$c_{12}^{E}/(10^{10}\mathrm{N/m^2})$	7.78	7.54	7.95	8.11	10.3
$c_{13}^{E}/(10^{10}\mathrm{N/m^2})$	7.43	7.52	8.41	8.11	10.2
$c_{44}^{E}/(10^{10}\mathrm{N/m^2})$	2.56	2.11	2.3	3.13	6.9
$c_{66}^{E}/(10^{10}\mathrm{N/m^2})$	3.06	2.26	2.35	3.4	—
$c_{33}^{D}/(10^{10}\mathrm{N/m^2})$	15.9	14.7	15.7	16.9	17.31
$c_{11}^{D}/(10^{10}\mathrm{N/m^2})$	14.5	12.6	13.0	15.2	11.69
$c_{12}^{D}/(10^{10}\mathrm{N/m^2})$	8.39	8.09	8.28	8.41	10.49
$c_{13}^{D}/(10^{10}\mathrm{N/m^2})$	6.09	6.52	7.22	7.03	9.049
$c_{44}^{D}/(10^{10}\mathrm{N/m^2})$	5.18	3.97	4.22	4.46	7.7
$\rho/(10^3\mathrm{kg/m^3})$	7.5	7.75	7.5	7.6	8.038
Q_{M}	500	75	65	1000	—
$\tan\delta$	0.004	0.02	0.02	0.004	< 0.01
$T_{\mathrm{c}}/^\circ\mathrm{C}$	330	370	195	300	—

2.7 本 章 小 结

本章主要介绍了压电晶体的力学特性、介电性及压电效应与压电方程。研究了在 ANSYS 软件中对压电换能器进行有限元建模与计算时，对压电陶瓷材料的柔性矩阵、压电矩阵和介电矩阵进行设置的方法，以及将压电陶瓷的参数矩阵由三维转化为二维的方法，以利用压电换能器的轴对称有限元模型进行求解。最后介绍了压电材料的主要性能参数和常用压电材料的性质。

第3章 换能器的等效电路分析

等效电路法是对换能器进行分析的一种经典方法。它把机械振动、电振荡及机电转换过程利用机电类比的原理，形象地组合在一个等效图中。其中，机械力等效为电压，振速等效为电流，同时，机械系统中的质量、刚度 (或弹性) 和阻尼分别等效为电路中的电感、电容和电阻。通过推导力学量机械力、振速和电学量电压、电流之间的关系，可以得到机械振动的动力学方程和电路状态方程，由此可以得出机电等效电路 [136,137,140]。机电等效电路中各元件的参数均由换能器的结构参数表示，可以建立模型计算求得或者通过实验测量得到，然后就可以根据电路分析的方法来计算换能器的性能参数。用等效电路法来分析换能器的优点是，参数简单、计算量小，可用于分析换能器电声参数的变化趋势和指导换能器的优化设计，还可用于分析多个换能器组阵时的情况，包括分析换能器之间的声学相互作用，从而指导换能器基阵的设计。

3.1 换能器机电等效电路模型

对于压电换能器，在其谐振频率附近的机电等效电路如图 3.1 所示。其中，R_0 为静态电阻，C_0 为静态电容，n 为换能器的机电转换系数，m_m、s_m 和 R_m 分别为换能器机械谐振频率附近的有效质量、有效顺性及机械阻，m_s 和 R_s 分别为换能器在水中振动时的同振质量及辐射阻。这些参数都可以通过不同的模型计算得到或通过实验测量得到。E 为加在换能器上的驱动电压，I 为换能器电路总的电流，I_d 为支路上的电流，F 为换能器电能转化为机械能后在机械端产生的作用力，v 为换能器振动时的振速。

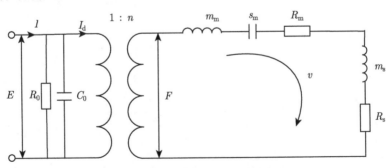

图 3.1 压电换能器的机电等效电路

则换能器的机械阻抗为

$$Z_{\mathrm{m}} = R_{\mathrm{m}} + \mathrm{j}\left(\omega m_{\mathrm{m}} - \frac{1}{\omega s_{\mathrm{m}}}\right) \tag{3.1}$$

换能器的辐射阻抗为

$$Z_{\mathrm{s}} = R_{\mathrm{s}} + \mathrm{j}\omega m_{\mathrm{s}} \tag{3.2}$$

式中，ω 为换能器振动的角频率，$\omega = 2\pi f$；R_{m}、m_{m}、s_{m}、R_{s} 及 m_{s} 的含义如前面所述。

换能器的辐射阻抗包括换能器本身的自辐射阻抗和换能器基阵中，其他换能器对该换能器的互辐射阻抗。换能器的自辐射阻抗及换能器间的互辐射阻抗都可以用边界元法计算求得。设由 L 个换能器组成的换能器基阵中，第 i 个换能器的自辐射阻抗为 Z_{ii}，第 j 个换能器对第 i 个换能器的互辐射阻抗为 Z_{ij}，则第 i 个换能器总的辐射阻抗为

$$Z_{si} = Z_{ii} + \sum_{\substack{j=1 \\ j \neq i}}^{L} \frac{v_j}{v_i} Z_{ij} \tag{3.3}$$

式中，L 表示换能器的个数；v_i 和 v_j 分别表示第 i 个和第 j 个换能器的振速。

在上面的换能器等效电路中，由换能器基本理论可知，$\boldsymbol{E}$、$\boldsymbol{I}_{\mathrm{d}}$、$\boldsymbol{F}$ 和 $\boldsymbol{v}$ 这四个参量满足下面的关系：

$$\begin{cases} \boldsymbol{F} = n \cdot \boldsymbol{E} \\ \boldsymbol{I}_{\mathrm{d}} = n \cdot \boldsymbol{v} \end{cases} \tag{3.4}$$

另外，换能器机械端的力 $\boldsymbol{F}$ 与振速 $\boldsymbol{v}$ 满足如下关系：

$$\boldsymbol{F} = (Z_{\mathrm{m}} + Z_{\mathrm{s}}) \cdot \boldsymbol{v} \tag{3.5}$$

对于换能器基阵，每个换能器的等效电路都与图 3.1 相同，则换能器基阵中第 i 个换能器上的机械端的力为

$$\boldsymbol{F}_i = n \cdot E_i = (Z_{\mathrm{m}i} + Z_{si}) \cdot \boldsymbol{v}_i \tag{3.6}$$

式中，E_i 为第 i 个换能器上的电压；$Z_{\mathrm{m}i}$、Z_{si} 和 $\boldsymbol{v}_i$ 分别为第 i 个换能器的机械阻抗、辐射阻抗和振速。

对于由 L 个换能器组成的换能器基阵，设加在各换能器上的驱动电压分别为 $E_1, E_2, \cdots, E_L$，则把驱动电压组成的向量记为

$$\boldsymbol{E} = (E_1, E_2, \cdots, E_L)^{\mathrm{T}} \tag{3.7}$$

假设换能器基阵中各阵元的机电转换系数相同, 都为 n, 则由式 (3.4) 可得换能器机械端产生的力组成的向量为

$$\boldsymbol{F} = n\boldsymbol{E} \tag{3.8}$$

对于由相同的换能器组成的换能器基阵, 它们的机械阻抗是相同的, 都设为 Z_{m0}, 则基阵的互阻抗矩阵可写为

$$\boldsymbol{Z} = \begin{bmatrix} Z_{m0} + Z_{11} & Z_{12} & \cdots & Z_{1L} \\ Z_{21} & Z_{m0} + Z_{22} & \cdots & Z_{2L} \\ \vdots & \vdots & & \vdots \\ Z_{L1} & Z_{L2} & \cdots & Z_{m0} + Z_{LL} \end{bmatrix} \tag{3.9}$$

式中, $Z_{ij}(i = 1, 2, \cdots, L, j = 1, 2, \cdots, L)$ 为换能器基阵中各阵元的自辐射阻抗和阵元间的互辐射阻抗, 可通过解析或数值计算得到。

设换能器基阵的振速组成的向量为

$$\boldsymbol{V} = (v_1, v_2, \cdots, v_L)^{\mathrm{T}} \tag{3.10}$$

那么, 由式 (3.3)、式 (3.6) 和式 (3.9) 可以得

$$\boldsymbol{F} = \boldsymbol{Z}\boldsymbol{V} \tag{3.11}$$

由式 (3.11) 可得

$$\boldsymbol{V} = \boldsymbol{Z}^{-1}\boldsymbol{F} \tag{3.12}$$

将式 (3.8) 代入式 (3.12) 可得

$$\boldsymbol{V} = n\boldsymbol{Z}^{-1}\boldsymbol{E} \tag{3.13}$$

式中, n 为换能器基阵中各阵元的机电转换系数; $\boldsymbol{Z}$ 为基阵的互阻抗矩阵。式 (3.13) 即为换能器基阵的驱动电压与其振速之间的关系式。如果已知换能器基阵各阵元的驱动电压、换能器基阵的互阻抗矩阵及换能器的机电转换系数, 就可以求出换能器基阵各阵元的振速, 反之, 如果要对换能器基阵的振速加权进行控制, 就可以利用式 (3.13) 在各换能器上施加适当的驱动电压, 包括适当的幅度及相位。

3.2   换能器全电等效电路及导纳分析

下面把图 3.1 所示的压电换能器的机电等效电路进一步等效为全电等效电路的形式, 来分析换能器的电阻抗特性。图 3.2 为压电换能器的全电等效电路, 其中

R_0 和 C_0 分别为换能器的静态电阻和静态电容，L_d、C_d 和 R_d 分别为换能器的动态电感、动态电容和动态电阻。

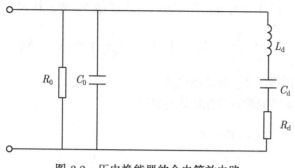

图 3.2 压电换能器的全电等效电路

根据换能器的全电等效电路，可得到换能器在电端看过去的总的等效输入导纳 Y_T 为

$$Y_T = Y_0 + Y_d = G + jB \tag{3.14}$$

式中，Y_0 为静态导纳；Y_d 为动态导纳；Y_T 由电导 G 和电纳 B 并联组成。换能器等效电路中的静态支路由静态电阻 R_0 和静态电容 C_0 并联而成，其导纳称为静态导纳，即

$$Y_0 = \frac{1}{R_0} + j\omega C_0 \tag{3.15}$$

式中，ω 是角频率。静态导纳是换能器元件所固有的，即使换能器不做振动，依然存在静态导纳，因此一般也把静态导纳称为阻挡导纳或钳定导纳。

换能器等效电路中的动态支路由动态电阻 R_d、动态电感 L_d 和动态电容 C_d 组成。动态电阻 R_d 为图 3.1 中换能器的机械阻 R_m 和在水中振动时的辐射阻 R_s 之和除以机电转换系数 n 的平方，即

$$R_d = (R_m + R_s)/n^2 \tag{3.16}$$

动态电感 L_d 为图 3.1 中换能器的有效质量 m_m 和在水中振动时的同振质量 m_s 之和除以机电转换系数 n 的平方，即

$$L_d = (m_m + m_s)/n^2 \tag{3.17}$$

动态电容 C_d 为图 3.1 中换能器的有效顺性 s_m 乘以机电转换系数 n 的平方，即

$$C_d = s_m n^2 \tag{3.18}$$

换能器等效电路中之所以有动态元件，是由于换能器做振动而产生的。因此，动态支路中的每个元件都直接与换能器的振动联系在一起。可以设想，如果把换能

器完全钳制而不让其振动，则换能器电端只能测量出静态导纳。如果水声换能器在空气中振动，可假设其辐射阻抗为 0，即 $R_s = 0$，$m_s = 0$。

换能器等效电路中动态支路的阻抗 Z_d 和导纳 Y_d 的表达式为

$$Z_d = \frac{1}{Y_d} = R_d + j\left(\omega L_d - \frac{1}{\omega C_d}\right) = R_d + jX_d \tag{3.19}$$

式中，R_d 为动态电阻；X_d 为动态电抗。

这样，换能器总的输入导纳的表达式为

$$
\begin{aligned}
Y_T &= Y_0 + Y_d \\
&= \frac{1}{R_0} + j\omega C_0 + \cfrac{1}{R_d + j\left(\omega L_d - \dfrac{1}{\omega C_d}\right)} \\
&= \left(\frac{R_d}{|Z_d|^2} + \frac{1}{R_0}\right) + j\left(\omega C_0 - \frac{X_d}{|Z_d|^2}\right) \\
&= G + jB
\end{aligned}
\tag{3.20}
$$

则换能器的导纳分别为

$$G = \frac{1}{R_0} + \frac{R_d}{|Z_d|^2} \tag{3.21}$$

$$B = \omega C_0 - \frac{X_d}{|Z_d|^2} \tag{3.22}$$

由式 (3.19)～ 式 (3.22) 可得到换能器的动态导纳为

$$
\begin{aligned}
Y_d &= \left(G - \frac{1}{R_0}\right) + j(B - \omega C_0) \\
&= \frac{R_d}{|Z_d|^2} + j\left(-\frac{X_d}{|Z_d|^2}\right) \\
&= G_d + jB_d
\end{aligned}
\tag{3.23}
$$

式中，G_d 为动态电导；B_d 为动态电纳。

由式 (3.23) 可得

$$|Y_d|^2 = \left(G - \frac{1}{R_0}\right)^2 + (B - \omega C_0)^2 = \frac{1}{|Z_d|^2} \tag{3.24}$$

由式 (3.21) 可得

$$\frac{G - \dfrac{1}{R_0}}{R_d} = \frac{1}{|Z_d|^2} \tag{3.25}$$

结合式 (3.24) 和式 (3.25) 可得

$$\left(G - \frac{1}{R_0}\right)^2 + (B - \omega C_0)^2 = \frac{G - \dfrac{1}{R_0}}{R_\mathrm{d}} \tag{3.26}$$

把式 (3.26) 整理后可得

$$\left[G - \left(\frac{1}{R_0} + \frac{1}{2R_\mathrm{d}}\right)\right]^2 + (B - \omega C_0)^2 = \frac{1}{(2R_\mathrm{d})^2} \tag{3.27}$$

式 (3.27) 表明，换能器导纳矢量端点的轨迹图是一个圆。此圆称为导纳圆，如图 3.3 所示。动态导纳圆的圆心坐标为 $\left(\dfrac{1}{R_0} + \dfrac{1}{2R_\mathrm{d}}, \omega C_0\right)$，半径为 $\dfrac{1}{2R_\mathrm{d}}$。在图 3.3 中，矢量 $\boldsymbol{OA}$ 表示 Y_0，$\boldsymbol{AP}$ 表示 Y_B，$\boldsymbol{OP}$ 则表示 Y_T，P 点为导纳圆图上随频率变化的换能器导纳矢量的端点。在式 (3.27) 中，假定 ωC_0 是个恒值，也就是说，动态导纳圆的圆心纵坐标并不正比于频率而变化。但因为在谐振频率附近 ωC_0 与动态导纳 Y_d 相比变化较缓慢，特别是当换能器的品质因数 Q 值较高时，可以认为 ωC_0 是常数，所以可把圆心近似看成是固定的，动态导纳圆还是相当圆的。然而，当换能器的 Q 值很低，或者换能器存在多个谐振峰，或者换能器工作在非线性状态下时，测得的导纳圆将发生严重畸形，甚至测不出导纳圆。

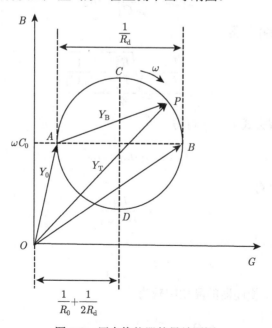

图 3.3 压电换能器的导纳圆图

在换能器的导纳圆中，当 $\omega = \omega_s$ 时，$Y_T = OB$，称为串联谐振或机械谐振。ω_s 则称为串联谐振频率，这也是换能器的工作频率。在频率为 ω_s 时，换能器的电导 G 达到最大值，而动态电纳 $B_d = X_d = 0$，则有

$$\omega_s = \frac{1}{\sqrt{L_d C_d}} \tag{3.28}$$

当 $\omega = \omega_1$ 时，$Y_T = OC$，$Y_d = AC$；当 $\omega = \omega_2$ 时，$Y_T = OD$，$Y_d = AD$。在 ω_1 和 ω_2 点，Y_d 的模值相等，其实部相等，虚部等值异号，且实部和虚部的模相等。ω_1 和 ω_2 处的动态电导为 ω_s 处动态电导的 $1/2$，称为半功率点。在 ω_1 处，有 $G_d = B_d$，则由式 (3.23) 可得 $R_d = -X_d$，进一步由式 (3.19) 可得

$$\omega_1 L_d - \frac{1}{\omega_1 C_d} = -R_d \tag{3.29}$$

解方程式 (3.29) 可得

$$\omega_1 = \frac{-\dfrac{R_d}{L_d} + \sqrt{\dfrac{R_d^2}{L_d^2} + \dfrac{4}{L_d C_d}}}{2} \tag{3.30}$$

在 ω_2 处，有 $G_d = -B_d$，则由式 (3.23) 可得 $R_d = X_d$，进一步由式 (3.19) 可得

$$\omega_2 L_d - \frac{1}{\omega_2 C_d} = R_d \tag{3.31}$$

解方程式 (3.29) 可得

$$\omega_2 = \frac{\dfrac{R_d}{L_d} + \sqrt{\dfrac{R_d^2}{L_d^2} + \dfrac{4}{L_d C_d}}}{2} \tag{3.32}$$

将式 (3.32) 减去式 (3.30) 可得

$$(\omega_2 - \omega_1) L_d = R_d \tag{3.33}$$

由式 (3.33) 可得

$$L_d = \frac{R_d}{\omega_2 - \omega_1} \tag{3.34}$$

由式 (3.28) 可得

$$C_d = \frac{1}{\omega_s^2 L_d} \tag{3.35}$$

结合式 (3.33)，换能器的品质因数为

$$Q_M = \frac{\omega_s L_d}{R_d} = \frac{\omega_s}{\omega_2 - \omega_1} \tag{3.36}$$

在换能器的发射或接收频率响应曲线上对应于低于最大响应 3dB 的上下两个边频之差，就是换能器的带宽 Δf。带宽可从所测得的换能器导纳圆图求得，在图 3.3 中 C 点和 D 点的频率 f_1 和 f_2 是半功率点频率，则带宽为

$$\Delta f = f_2 - f_1 \tag{3.37}$$

品质因数是电系统或机械系统的阻尼大小或谐振曲线尖锐程度的度量，它等于谐振系统的无功阻抗对有功阻抗的比值。谐振换能器的机械品质因数 Q_{M} 是通过测定动态支路的机械谐振频率 f_s 和半功率点频率 f_1 和 f_2，然后按式 (3.36) 计算得到的。Q_{M} 称为机械 Q 值。

换能器的电声效率 η_{ea} 是其输出声功率 P_{a} 与输入电功率 P_{e} 的比值，即

$$\eta_{\mathrm{ea}} = P_{\mathrm{a}}/P_{\mathrm{e}} \tag{3.38}$$

式 (3.38) 也可写成

$$\eta_{\mathrm{ea}} = \eta_{\mathrm{em}} \cdot \eta_{\mathrm{ma}} \tag{3.39}$$

即电声效率等于电机效率和机声效率的乘积。电机效率 η_{em} 表示输入换能器的电能有多少转换成机械能，因为有一部分能量要消耗在换能器元件自身损耗阻上 (即等效电路中静态支路的 R_0 上)。而机声效率 η_{ma} 表示机械能有多少转换成声能辐射到介质中，因为机械能中有一部分消耗在换能器自身的动态力阻 R_{m} 上，只有一部分机械能转换成声能，声能的多少取决于换能器的辐射阻 R_{s} 的大小。假如 $R_{\mathrm{s}} = 0$，则没有声能辐射出去，水中工作的换能器，让它在空气介质中工作时，就可以看成辐射阻 R_{s} 近似等于 0。可以证明，对于压电式谐振换能器，其电机效率 η_{em} 由式 (3.40) 表示：

$$\eta_{\mathrm{em}} = d_{\mathrm{W}}/G_{\mathrm{W}} \tag{3.40}$$

式中，d_{W} 为换能器在水中测得的动态导纳圆的直径；G_{W} 为换能器在水中测得的串联谐振时的总电导。

机声效率 η_{ma} 由式 (3.41) 表示：

$$\eta_{\mathrm{ma}} = (d_{\mathrm{A}} - d_{\mathrm{W}})/d_{\mathrm{A}} \tag{3.41}$$

式中，d_{A} 为换能器在空气中测得的动态导纳圆的直径。

于是有

$$\eta_{\mathrm{ea}} = \eta_{\mathrm{em}} \cdot \eta_{\mathrm{ma}} = \frac{d_{\mathrm{W}}(d_{\mathrm{A}} - d_{\mathrm{W}})}{d_{\mathrm{A}} G_{\mathrm{W}}} \tag{3.42}$$

由此可见，只要分别在空气中和水中测量换能器的导纳圆图，得到各自的导纳圆直径，就可以利用式 (3.42) 计算出换能器在水中辐射的电声效率。

　　用这种方法测量换能器的电声效率只是对单一模式振动的简单换能器在谐振频率工作时才是可靠的，而对于多谐 (或多模) 换能器，或表面有一定厚度覆盖层的换能器，本方法常常失效。当换能器在非谐振频率上工作时也不适用。

　　通过测量水声换能器的导纳特性可以得到换能器机械和声的特性。由式 (3.17)、式 (3.18) 和式 (3.28) 可得

$$\omega_s = \frac{1}{\sqrt{s_m(m_m + m_s)}} \tag{3.43}$$

由式 (3.16)、式 (3.17) 和式 (3.36) 可得

$$Q_M = \frac{\omega_s(m_m + m_s)}{R_m + R_s} \tag{3.44}$$

　　分别通过测量换能器在空气中和在水中的导纳圆和导纳特性曲线，可以得到换能器在空气中和在水中的导纳圆直径 $1/R_d$、谐振频率 ω_s 和机械品质因数 Q_M。假设换能器在水中的辐射阻抗可以通过解析式或通过边界元结合有限元方法计算出来，得到换能器在水中的辐射阻 R_s 和水对换能器的同振质量 m_s。并且假设换能器在空气中的辐射阻抗为 0，即辐射阻 $R_s = 0$，同振质量 $m_s = 0$。这样分别在空气中和在水中根据式 (3.16)、式 (3.43) 和式 (3.44) 可以得到两套方程组。联立解这两套方程组即可以求出换能器在机械谐振频率附近的机械阻 R_m、有效质量 m_m、有效顺性 s_m 和机电转换系数 n。

　　通过测量换能器在空气中和在水中的导纳圆和导纳特性曲线还可以得到换能器间的互辐射阻抗与换能器的自辐射阻抗的关系 [141–145]。Stumpf[142] 通过测量换能器在空气中和在水中的导纳圆直径，得到两个换能器在不同间距下有互辐射时的辐射阻相对于无互辐射时的辐射阻的大小。两个相同的间距为 d 的换能器在水中有互辐射时的辐射阻与没有互辐射时的辐射阻之比为

$$\frac{R_{Ld}}{R_{L\infty}} = \frac{[D_A - D_L(d)]/D_L(d)}{[D_A - D_L(\infty)]/D_L(\infty)} \tag{3.45}$$

式中，D_A 表示换能器在空气中的导纳圆直径；$D_L(\infty)$ 表示换能器在水中无互辐射时的导纳圆直径；$D_L(d)$ 表示换能器在水中与另一个换能器间距为 d 有互辐射时的导纳圆直径。

　　另外，Stumpf 和 Crum[144] 还通过测量换能器在空气中和在水中的谐振频率得到两个换能器在不同间距下的有互辐射时的辐射抗相对于无互辐射时的辐射抗的大小。两个相同的间距为 d 的换能器在水中有互辐射时的辐射抗与没有互辐射时的辐射抗之比为

$$\frac{X_{Ld}}{X_{L\infty}} = \frac{f_\infty}{f_d}\left(\frac{f_d^2 - f_0^2}{f_\infty^2 - f_0^2}\right) \tag{3.46}$$

式中, f_0 表示单个换能器在空气中的谐振频率; f_∞ 表示单个换能器在水中无互辐射时的谐振频率; f_d 表示换能器在水中与另一个换能器间距为 d 有互辐射时的谐振频率。

3.3 本 章 小 结

本章首先介绍了换能器等效电路模型的基本理论, 包括换能器的机电等效电路模型及全电等效电路模型。给出了换能器基阵的驱动电压与其振速及基阵互阻抗矩阵之间的关系。根据换能器的等效电路分析了换能器的导纳特性, 并推导了换能器电声特性参数的计算方法。

第 4 章 换能器的有限元建模

有限元方法是近年来国际上普遍采用的一种换能器建模分析方法 [26-30]，其突出优点是不受换能器结构的限制，能够适应边界形状不规则、材料非均匀、各向异性等复杂情况，可进行复杂结构换能器的建模与分析计算。有限元方法的基本思想是将问题的求解域划分为一系列单元，单元之间仅靠节点连接，单元内部点的待求量可由单元节点量通过选定的函数关系插值求得。也就是利用数学近似的方法对真实物理系统进行模拟，利用有限数量的未知量去逼近无限未知量的真实系统。利用有限元计算软件进行换能器的建模与分析能方便地计算出换能器的谐振频率及换能器的振动位移分布，得到换能器的导纳曲线、发射电压响应曲线和辐射指向性图等，还可以进行换能器的结构优化。早在 20 世纪 50 年代国际上就投入大量的人力和物力开发具有强大功能的有限元计算程序。目前，比较流行的有限元计算软件有 ANSYS、ATILA、MAVART、NASTRAN 等几十种。本书主要研究利用 ANSYS 软件来对换能器进行有限元建模与计算 [80,95]。

4.1 有限元模型基本理论

4.1.1 结构力学的有限元方程

对振动体结构进行有限元网格划分后，用有限元方法处理结构力学振动问题的有限元方程为

$$[M]\{\ddot{U}\} + [C]\{\dot{U}\} + [K]\{U\} = \{F\} \tag{4.1}$$

式中，$[M]$、$[C]$ 和 $[K]$ 分别为振动结构的质量矩阵、阻尼矩阵和刚度矩阵；$\{U\}$、$\{\dot{U}\}$ 和 $\{\ddot{U}\}$ 分别为结构有限元节点的位移向量、振速向量和加速度向量；$\{F\}$ 为结构节点上所施加的力向量。在结构参数 (包括几何参数和材料参数) 给定的情况下，有限元网格生成后，矩阵 $[M]$、$[C]$ 和 $[K]$ 完全唯一确定，再给出结构节点上的力向量 $\{F\}$(对于压电有限元给出所施加的电压)，就可以求解出节点的位移向量、振速向量和加速度向量。

4.1.2 声学流体问题理论基础

1. 控制方程

在声学流固耦合问题中，要把结构的动力学方程与流体动量方程和连续性方程综合考虑。离散化的结构动力学方程可以利用式 (4.1) 用结构单元进行计算。

通过理想流体介质的假设如下。

(1) 流体是可压缩的，密度随压力变化而变化。

(2) 流体是非黏性流体，没有黏性引起的能量损耗。

(3) 流体中没有不规则流动。

(4) 流体是均质的，各点平均密度和声压相同。

流体的动量方程和连续性方程可以简化为声学波动方程：

$$\frac{1}{c^2}\frac{\partial^2 P}{\partial t^2} - \nabla^2 P = 0 \tag{4.2}$$

式中，c 为声速；P 为声压；t 为时间；∇^2 为拉普拉斯算符，它在不同的坐标系中具有不同的形式，在直角坐标系中 $\nabla^2 = \frac{\partial^2}{\partial x^2} + \frac{\partial^2}{\partial y^2} + \frac{\partial^2}{\partial z^2}$。

由于黏性损失被忽略，方程式 (4.2) 被视为在流体媒介中声波传播的无损耗波动方程。在流固耦合问题中，离散化的结构方程式 (4.1) 要和无损耗的波动方程式 (4.2) 同时考虑。

对于简谐波，变量为正弦式时间函数，波动频率为 ω，设

$$P = P_A \mathrm{e}^{\mathrm{i}\omega t} \tag{4.3}$$

式中，P_A 为波动声压的幅度，为一复数。把式 (4.3) 代入式 (4.2) 可得

$$\nabla^2 P + k^2 P = 0 \tag{4.4}$$

式中，$k = \dfrac{\omega}{c}$，称为波数。方程式 (4.4) 称为亥姆霍兹方程。

2. 无损耗波动方程的离散化

以下矩阵符号 (梯度和散度) 将被用于方程式 (4.2) 中。

$$\nabla \cdot (\ ) = \{L\}^{\mathrm{T}} = \left[\frac{\partial}{\partial x}\ \frac{\partial}{\partial y}\ \frac{\partial}{\partial z}\right] \tag{4.5}$$

$$\nabla(\ ) = \{L\} \tag{4.6}$$

则式 (4.2) 变为

$$\frac{1}{c^2}\frac{\partial^2 P}{\partial t^2} - \nabla \cdot \nabla P = 0 \tag{4.7}$$

由式 (4.5)~ 式 (4.7) 可得

$$\frac{1}{c^2}\frac{\partial^2 P}{\partial t^2} - \{L\}^{\mathrm{T}}(\{L\}P) = 0 \tag{4.8}$$

对方程式 (4.8) 离散化即得单元矩阵，在方程式 (4.8) 左右两边同时乘以一个虚拟的声压变化值，然后在一定区域内对体积积分可得

$$\int_{\text{vol}} \frac{1}{c^2} \delta P \frac{\partial^2 P}{\partial t^2} \text{d(vol)} + \int_{\text{vol}} (\{L\}^{\text{T}} \delta P)(\{L\} P) \text{d(vol)} = \int_{S} \{n\}^{\text{T}} \delta P (\{L\} P) \text{d}S \quad (4.9)$$

式中，vol 为一点区域的体积；δP 为一虚拟的声压变化值；S 为声压导数作为法向的表面；n 为界面 S 的单位法向量。

在流固耦合问题中，表面 S 即为流固界面。由于简化假设，由流体动量方程可得到流固界面上流体的法向声压梯度和结构的法向加速度满足如下关系：

$$\{n\} \cdot \{\nabla P\} = -\rho_0 \{n\} \cdot \frac{\partial^2 \{U\}}{\partial t^2} \quad (4.10)$$

式中，U 为结构在流固界面处的位移向量；ρ_0 是流体的密度。

用矩阵形式表示，即

$$\{n\}^{\text{T}} \cdot \{\{L\} P\} = -\rho_0 \{n\}^{\text{T}} \left(\frac{\partial^2}{\partial t^2} \{U\} \right) \quad (4.11)$$

把式 (4.11) 代入式 (4.9)，积分变为

$$\int_{\text{vol}} \frac{1}{c^2} \delta P \frac{\partial^2 P}{\partial t^2} \text{d(vol)} + \int_{\text{vol}} (\{L\}^{\text{T}} \delta P)(\{L\} P) \text{d(vol)} = -\int_{S} \rho_0 \delta P \{n\}^{\text{T}} \left(\frac{\partial^2}{\partial t^2} \{U\} \right) \text{d}S \quad (4.12)$$

4.1.3   声学流体矩阵推导

方程式 (4.12) 中包含的需要求解的独立变量有流体声压 P 和结构的位移分量 U_x、U_y 和 U_z。定义空间变量声压和位移分量的有限元的近似形函数为

$$P = \{N\}^{\text{T}} \{P_{\text{e}}\} \quad (4.13)$$

$$U = \{N'\}^{\text{T}} \{U_{\text{e}}\} \quad (4.14)$$

式中，$\{N\}$ 为单元的声压形函数；$\{N'\}$ 为单元的位移形函数；$\{P_{\text{e}}\}$ 为节点声压向量；$\{U_{\text{e}}\} = \{U_{xe}\}, \{U_{ye}\}, \{U_{ze}\}$ 为节点位移分量向量。

由式 (4.13) 和式 (4.14) 可知，声压和位移变量对时间的二阶导数和虚拟的声压变化值可表示为

$$\frac{\partial^2 P}{\partial t^2} = \{N\}^{\text{T}} \{\ddot{P}_{\text{e}}\} \quad (4.15)$$

$$\frac{\partial^2}{\partial t^2} \{U\} = \{N'\}^{\text{T}} \{\ddot{U}_{\text{e}}\} \quad (4.16)$$

$$\delta P = \{N\}^{\text{T}} \{\delta P_{\text{e}}\} \quad (4.17)$$

定义矩阵 $[B]$ 为矩阵算子 $\{L\}$ 应用到形函数 $\{N\}$ 上：

$$[B] = \{L\}\{N\}^{\mathrm{T}} \tag{4.18}$$

将式 (4.13)~ 式 (4.18) 代入式 (4.12)，声波方程式 (4.2) 的有限元表达式为

$$\int_{\mathrm{vol}} \frac{1}{c^2}\{\delta P_{\mathrm{e}}\}^{\mathrm{T}}\{N\}\{N\}^{\mathrm{T}}\mathrm{d}(\mathrm{vol})\{\ddot{P}_{\mathrm{e}}\} + \int_{\mathrm{vol}} \{\delta P_{\mathrm{e}}\}^{\mathrm{T}}[B]^{\mathrm{T}}[B]\mathrm{d}(\mathrm{vol})\{P_{\mathrm{e}}\}$$
$$+ \int_{S} \rho_0\{\delta P_{\mathrm{e}}\}^{\mathrm{T}}\{N\}\{n\}^{\mathrm{T}}\{N'\}^{\mathrm{T}}\mathrm{d}S\{\ddot{U}_{\mathrm{e}}\} = \{0\} \tag{4.19}$$

式中，$\{n\}$ 为流体边界的法向量。

由于 $\{\delta P_{\mathrm{e}}\}$ 不等于 0，方程式 (4.19) 两边同时消去 $\{\delta P_{\mathrm{e}}\}$ 得

$$\frac{1}{c^2}\int_{\mathrm{vol}} \{N\}\{N\}^{\mathrm{T}}\mathrm{d}(\mathrm{vol})\{\ddot{P}_{\mathrm{e}}\} + \int_{\mathrm{vol}} [B]^{\mathrm{T}}[B]\mathrm{d}(\mathrm{vol})\{P_{\mathrm{e}}\}$$
$$+ \rho_0\int_{S} \{N\}\{n\}^{\mathrm{T}}\{N'\}^{\mathrm{T}}\mathrm{d}S\{\ddot{U}_{\mathrm{e}}\} = \{0\} \tag{4.20}$$

把式 (4.20) 写成矩阵表达形式就可以得到离散化的声波方程：

$$[M_{\mathrm{e}}^{P}]\{\ddot{P}_{\mathrm{e}}\} + [K_{\mathrm{e}}^{P}]\{P_{\mathrm{e}}\} + \rho_0[R_{\mathrm{e}}]^{\mathrm{T}}\{\ddot{U}_{\mathrm{e}}\} = \{0\} \tag{4.21}$$

式中，$[M_{\mathrm{e}}^{P}] = \dfrac{1}{c^2}\displaystyle\int_{\mathrm{vol}} \{N\}\{N\}^{\mathrm{T}}\mathrm{d}(\mathrm{vol})$，为流体的质量矩阵；$[K_{\mathrm{e}}^{P}] = \displaystyle\int_{\mathrm{vol}} [B]^{\mathrm{T}}[B]\mathrm{d}(\mathrm{vol})$，

为流体的刚度矩阵；$\rho_0[R_{\mathrm{e}}] = \rho_0\displaystyle\int_{S} \{N\}\{n\}^{\mathrm{T}}\{N'\}^{\mathrm{T}}\mathrm{d}S$，为流固耦合界面的质量矩阵。

4.1.4 边界阻尼产生的声波吸收

如果流固界面处存在因阻尼而损耗的能量，为了计算这种能量损耗，在无损失声波方程式 (4.2) 中添加一个损耗项可得

$$\int_{\mathrm{vol}} \delta P\frac{1}{c^2}\frac{\partial^2 P}{\partial t^2}\mathrm{d}(\mathrm{vol}) - \int_{\mathrm{vol}} \delta P\{L\}^{\mathrm{T}}(\{L\}P)\mathrm{d}(\mathrm{vol}) + \int_{S} \delta P\left(\frac{r}{\rho_0 c}\right)\frac{1}{c}\frac{\partial P}{\partial t}\mathrm{d}S = \{0\} \tag{4.22}$$

式中，r 为边界处材料的特性阻抗。

由于假设能量的损耗只发生在边界处的 S 表面上，式 (4.22) 中的损耗项仅在边界处 S 表面上进行积分：

$$D = \int_{S} \delta P\left(\frac{r}{\rho_0 c}\right)\frac{1}{c}\frac{\partial P}{\partial t}\mathrm{d}S \tag{4.23}$$

式中，D 为损耗项。

把式 (4.13) 和式 (4.17) 中的有限元形函数代入式 (4.23) 可得

$$D = \int_S \{\delta P_e\}^{\mathrm{T}} \{N\} \left(\frac{r}{\rho_0 c}\right) \frac{1}{c} \{N\}^{\mathrm{T}} \mathrm{d}S \left\{\frac{\partial P_e}{\partial t}\right\} \tag{4.24}$$

设 $\beta = \dfrac{r}{\rho_0 c}$ 为边界吸声系数，$\{\dot{P}_e\} = \left\{\dfrac{\partial P_e}{\partial t}\right\}$。

$\dfrac{\beta}{c}$ 和 $\{\delta P_e\}$ 在单元的表面处为常数，可以从积分项中提出，得

$$D = \{\delta P_e\}^{\mathrm{T}} \frac{\beta}{c} \int_S \{N\}\{N\}^{\mathrm{T}} \mathrm{d}(S)\{\dot{P}_e\} \tag{4.25}$$

在方程式 (4.19) 中加入损耗项 (4.25) 来计算吸声边界处的能量损耗，设：

$$[C_e^P]\{\dot{P}_e\} = \frac{\beta}{c} \int_S \{N\}\{N\}^{\mathrm{T}} \mathrm{d}S\{\dot{P}_e\} \tag{4.26}$$

式中，$[C_e^P] = \dfrac{\beta}{c} \displaystyle\int_S \{N\}\{N\}^{\mathrm{T}} \mathrm{d}S$ 为流体阻尼矩阵。

最后，将方程式 (4.21) 与方程式 (4.26) 合并可得到考虑流固界面处能量损耗的离散化的声波方程为

$$[M_e^P]\{\ddot{P}_e\} + [C_e^P]\{\dot{P}_e\} + [K_e^P]\{P_e\} + \rho_0[R_e]^{\mathrm{T}}\{\ddot{U}_e\} = \{0\} \tag{4.27}$$

4.1.5　声学流固耦合问题

为了完整地描述流固耦合问题，将在流固界面处的流体声压载荷加入结构有限元方程式 (4.1)，可得

$$[M_e]\{\ddot{U}_e\} + [C_e]\{\dot{U}_e\} + [K_e]\{U_e\} = \{F_e\} + \{F_e^{pr}\} \tag{4.28}$$

在界面 S 上的流体声压载荷向量 $\{F_e^{pr}\}$ 可以通过界面上的声压对面积积分得到，即

$$\{F_e^{pr}\} = \int_S \{N'\}P\{n\}\mathrm{d}S \tag{4.29}$$

式中，$\{N'\}$ 为离散位移分量的形函数；$\{n\}$ 为流体边界的法向量。

把方程式 (4.13) 中声压的有限元近似形函数代入式 (4.29) 中可得

$$\{F_e^{pr}\} = \int_S \{N'\}\{N\}^{\mathrm{T}}\{n\}\mathrm{d}S\{P_e\} \tag{4.30}$$

将方程式 (4.30) 中的积分与方程式 (4.21) 中 $\rho_0[R_e]^{\mathrm{T}}$ 的矩阵定义进行比较可得

$$\{F_e^{pr}\} = [R_e]\{P_e\} \tag{4.31}$$

式中，$[R_{\rm e}] = \displaystyle\int_S \{N'\}\{N\}^{\rm T}\{n\}{\rm d}S$。

把方程式 (4.31) 代入方程式 (4.28) 可得到结构的动态有限元方程为

$$[M_{\rm e}]\{\ddot{U}_{\rm e}\} + [C_{\rm e}]\{\dot{U}_{\rm e}\} + [K_{\rm e}]\{U_{\rm e}\} - [R_{\rm e}]\{P_{\rm e}\} = \{F_{\rm e}\} \tag{4.32}$$

合并方程式 (4.27) 和式 (4.32)，可得到完整的流固耦合问题的有限元离散方程为

$$
\begin{aligned}
&\begin{bmatrix} [M_{\rm e}] & [0] \\ [M^{fs}] & [M_{\rm e}^P] \end{bmatrix} \begin{Bmatrix} \ddot{U}_{\rm e} \\ \ddot{P}_{\rm e} \end{Bmatrix} + \begin{bmatrix} [C_{\rm e}] & [0] \\ [0] & [C_{\rm e}^P] \end{bmatrix} \begin{Bmatrix} \dot{U}_{\rm e} \\ \dot{P}_{\rm e} \end{Bmatrix} \\
&+ \begin{bmatrix} [K_{\rm e}] & [K^{fs}] \\ [0] & [K_{\rm e}^P] \end{bmatrix} \begin{Bmatrix} \{U_{\rm e}\} \\ \{P_{\rm e}\} \end{Bmatrix} = \begin{Bmatrix} \{F_{\rm e}\} \\ \{0\} \end{Bmatrix}
\end{aligned} \tag{4.33}
$$

式中，$[M^{fs}] = \rho_0[R_{\rm e}]^{\rm T}$；$[K^{fs}] = -[R_{\rm e}]$。

对于流固耦合问题，声学流体单元除了产生耦合子矩阵 $\rho_0[R_{\rm e}]^{\rm T}$ 和 $[R_{\rm e}]$ 之外，还产生以 P 为上标的子矩阵。而没有上标的子矩阵都是由有限元模型中相应的结构单元产生的。

4.2 利用 ANSYS 软件对换能器进行建模分析方法

有限元分析是对物理现象 (几何及载荷) 的模拟，是对真实情况的数值近似。所以，将换能器结构和载荷的每个细节都反映在有限元模型上是不可能的，必须对换能器进行简化和近似处理。简化处理包括对换能器的几何结构、边界条件和外力载荷等的简化。简化和忽略的原则是要同时兼顾对换能器实际情况模拟的影响及计算的精度和速度。

使用 ANSYS 软件来分析换能器通常包括的步骤为：建立模型、指定材料参数及单元类型、划分网格、施加载荷和分析求解，分别如下面所述。

有限元模型可以在 ANSYS 软件中自己创建，或者在其他软件中创建后导入 ANSYS 软件中。ANSYS 软件中提供了点、线、面、体 (如长方体、球体、柱体等) 的简单几何模型的输入。将要分析的换能器从结构上拆分成简单的几何模型，并通过布尔操作等处理来建立换能器的模型。对于轴对称和中心对称的模型，ANSYS 软件中提供了比较简单的处理办法，可以减小计算量。

在 ANSYS 软件中要指定换能器模型中的材料参数、单元类型等。对压电换能器的分析来说，模型中的材料分为有源材料 (压电陶瓷) 和无源材料 (壳体、盖板等)。有源材料的单元一般使用 PLANE13(二维耦合场实体单元) 和 SOLID5(三维耦合场实体单元)。无源材料的单元一般使用 PLANE42(二维) 和 SOLID45(三维)。换能器所在水域的流体单元一般使用 FLUID29(二维) 和 FLUID30(三维)。FLUID129(二

维) 和 FLUID130(三维) 分别为流体域外围边界使用的无限元, 它们提供了第二阶
吸收边界条件来模拟流体域的无限远辐射效应。在分析过程中要指定换能器结构
单元与流体单元间的流固接触界面来考虑换能器与水之间的流固耦合作用。材料
属性一般应定义密度、杨氏模量、泊松比、声速 (定义流体属性时) 等。对压电材料
要定义刚度矩阵、压电矩阵和介电矩阵。

需要将换能器及其流体域划分为有限元网格进行计算。划分网格时应尽量将
网格划分成规则的几何形状, 此时的求解精度较高。网格划分的疏密程度直接影响
计算的结果, 应根据实际分析的问题和计算机资源的大小来确定, 既要保证求解精
度, 又要尽量提高计算的速度。在划分网格时应使相邻单元的节点重合, 这样计算
数据才可以传递。

对模型划分有限元网格后, 需要对模型施加载荷, 对于压电换能器就是施加一
定的驱动电压。正确使用对称载荷可简化问题的求解, 有时还需要在模型上施加适
当的边界条件。

在 ANSYS 软件中选择需要的求解类型和合适的求解命令之后, ANSYS 软件
会自动进行求解。在 ANSYS 软件中用于换能器的求解类型主要包括静力分析、模
态分析、谐波分析和瞬态分析。静力分析用于求解在静力载荷作用下换能器结构的
位移和应力等。模态分析用于计算换能器结构的固有频率和模态, 包括其在空气中
和水中的情况。谐波分析用于计算换能器结构在随时间正弦变化的载荷作用下的
响应。瞬态分析用于计算换能器结构在随时间任意变化的载荷作用下的瞬时响应。
下面重点介绍换能器分析中最常用的模态分析和谐波分析。

1. 模态分析

模态分析主要用于计算换能器结构的谐振频率和模态振动位移。模态分析对
于换能器模型的前提条件有: 对结构和流体分析有效; 结构刚度和质量为确定的常
数; 不能有阻尼项, 除非使用专门的阻尼分析选项; 结构为自由振动, 没有外部施
加的载荷。

对于一个无阻尼的满足上述条件的系统, 由方程式 (4.1) 可得到在空气中换能
器没有外部施加载荷时, 结构振动的有限元方程为

$$[M]\{\ddot{U}\} + [K]\{U\} = \{0\} \tag{4.34}$$

式中, 结构刚度矩阵 $[K]$ 可以包含预应力的影响。对于有阻尼的系统, 在 ANSYS
软件中可以选择阻尼分析选项来进行分析。

对于线性系统, 将换能器自由振动表示为谐振的形式:

$$\{U\} = \{\phi\}_i \cos \omega_i t \tag{4.35}$$

式中，$\{\phi\}_i$ 表示第 i 阶谐振频率下的模态振动位移；ω_i 为第 i 阶谐振角频率；t 为时间。

这样，方程式 (4.34) 变为

$$(-\omega_i^2[M] + [K])\{\phi\}_i = \{0\} \tag{4.36}$$

这个等式要成立，要么 $\{\phi\}_i = \{0\}$，要么 $([K] - \omega^2[M])$ 的行列式为 0。前者为 0 没有意义。因此，后者为 0，即

$$\big|[K] - \omega^2[M]\big| = 0 \tag{4.37}$$

这是一个特征值求解问题，其中 ω_i^2 为特征值，$\{\phi\}_i$ 为特征值对应的特征向量。求解该特征值问题的过程称为模态提取。通过模态提取就可以求出换能器在空气中的谐振频率与模态振动位移。

由方程式 (4.33) 可得到无阻尼情况下换能器在水中没有外部施加载荷，考虑流固耦合作用时系统振动的有限元方程为

$$\begin{bmatrix} [M_e] & [0] \\ \rho_0[R_e]^T & [M_e^P] \end{bmatrix} \begin{Bmatrix} \{\ddot{U}_e\} \\ \{\ddot{P}_e\} \end{Bmatrix} + \begin{bmatrix} [K_e] & -[R_e] \\ [0] & [K_e^P] \end{bmatrix} \begin{Bmatrix} \{U_e\} \\ \{P_e\} \end{Bmatrix} = \begin{Bmatrix} \{0\} \\ \{0\} \end{Bmatrix} \tag{4.38}$$

式 (4.38) 可变为

$$\begin{bmatrix} [K_e] - \omega^2[M_e] & -[R_e] \\ -\rho_0\omega^2[R_e]^T & [K_e^P] - \omega^2[M_e^P] \end{bmatrix} \begin{Bmatrix} \{U_e\} \\ \{P_e\} \end{Bmatrix} = \begin{Bmatrix} \{0\} \\ \{0\} \end{Bmatrix} \tag{4.39}$$

类似式 (4.37)，令行列式为

$$\left| \begin{bmatrix} [K_e] - \omega^2[M_e] & -[R_e] \\ -\rho_0\omega^2[R_e]^T & [K_e^P] - \omega^2[M_e^P] \end{bmatrix} \right| = 0 \tag{4.40}$$

求解该特征值问题得到其特征值与特征向量，就可以对换能器在水中振动进行模态提取，求得换能器在水中的谐振频率与模态振动位移。

ANSYS 软件提供了多种模态提取的方法，分别为子空间法、缩减法、非对称法、分块 Lanczos 法、阻尼法和 QR 阻尼法等。

2. 谐波分析

谐波分析主要用于计算换能器在正弦波激励下的稳态响应。谐波分析需要换能器有限元模型满足以下条件：对结构和流体分析有效；结构刚度、阻尼和质量为确定的常数；所施加的载荷和位移都以相同的频率正弦变化，不一定相位都相同。

由方程式 (4.1) 可得到在空气中换能器结构振动的有限元方程为

$$[M]\{\ddot{U}\} + [C]\{\dot{U}\} + [K]\{U\} = \{F\} \tag{4.41}$$

换能器振动时所有的点以相同的频率振动, 但是不一定同相振动。阻尼的作用导致了振动点的相移, 因此位移为复数, 可定义为

$$\{U\} = (\{U_1\} + \mathrm{i}\{U_2\})\mathrm{e}^{\mathrm{i}\omega t} \tag{4.42}$$

式中, $\{U_1\}$ 为位移向量的实部; $\{U_2\}$ 为位移向量的虚部; ω 为振动角频率。

类似振动位移, 所施加的载荷产生的力向量定义为

$$\{F\} = (\{F_1\} + \mathrm{i}\{F_2\})\mathrm{e}^{\mathrm{i}\omega t} \tag{4.43}$$

把式 (4.42) 和式 (4.43) 代入式 (4.41) 并消去 $\mathrm{e}^{\mathrm{i}\omega t}$ 可得

$$([K] - \omega^2[M] + \mathrm{i}\omega[C])(\{U_1\} + \mathrm{i}\{U_2\}) = \{F_1\} + \mathrm{i}\{F_2\} \tag{4.44}$$

求解该方程就可以得到换能器在空气中振动时的谐波响应及振动位移分布。

由方程式 (4.33) 可得到换能器在水中考虑流固耦合作用时系统振动的有限元方程为

$$\begin{bmatrix} [M_{\mathrm{e}}] & [0] \\ \rho_0[R_{\mathrm{e}}]^{\mathrm{T}} & [M_{\mathrm{e}}^P] \end{bmatrix} \left\{ \begin{array}{c} \{\ddot{U}_{\mathrm{e}}\} \\ \{\ddot{P}_{\mathrm{e}}\} \end{array} \right\} + \begin{bmatrix} [C_{\mathrm{e}}] & [0] \\ [0] & [C_{\mathrm{e}}^P] \end{bmatrix} \left\{ \begin{array}{c} \{\dot{U}_{\mathrm{e}}\} \\ \{\dot{P}_{\mathrm{e}}\} \end{array} \right\}$$
$$+ \begin{bmatrix} [K_{\mathrm{e}}] & -[R_{\mathrm{e}}] \\ [0] & [K_{\mathrm{e}}^P] \end{bmatrix} \left\{ \begin{array}{c} \{U_{\mathrm{e}}\} \\ \{P_{\mathrm{e}}\} \end{array} \right\} = \left\{ \begin{array}{c} \{F_{\mathrm{e}}\} \\ \{0\} \end{array} \right\} \tag{4.45}$$

类似方程式 (4.44), 方程式 (4.45) 可变为

$$\begin{bmatrix} [K_{\mathrm{e}}] - \omega^2[M_{\mathrm{e}}] + \mathrm{i}\omega[C_{\mathrm{e}}] & -[R_{\mathrm{e}}] \\ -\rho_0\omega^2[R_{\mathrm{e}}]^{\mathrm{T}} & [K_{\mathrm{e}}^P] - \omega^2[M_{\mathrm{e}}^P] + \mathrm{i}\omega[C_{\mathrm{e}}^P] \end{bmatrix} \left\{ \begin{array}{c} \{U_1\} + \mathrm{i}\{U_2\} \\ \{P_1\} + \mathrm{i}\{P_2\} \end{array} \right\}$$
$$= \left\{ \begin{array}{c} \{F\}_1 + \mathrm{i}\{F_2\} \\ \{0\} \end{array} \right\} \tag{4.46}$$

求解该方程就可以得到换能器在水中振动时的谐波响应及结构振动位移分布和水中声压分布。

ANSYS 软件进行谐波分析的求解方法有三种: 完全法、缩减法和模态叠加法。

对于换能器的分析与计算, 谐波分析有很重要的作用。通过谐波分析, 可以模拟仿真换能器在空气中和水中工作时的状态, 可以得到换能器在谐振时及其他频率点处的位移、振速、应力、应变等结果, 以及水中辐射声压的分布情况。还可以进一步计算出换能器的导纳曲线、发射电压响应曲线和指向性曲线等。

4.3 本 章 小 结

本章主要介绍了用于对换能器进行建模与计算的有限元方法的基本理论。给出了计算换能器结构振动问题的有限元方程,以及结构在流体中振动时考虑流固耦合作用的有限元方程。介绍了利用有限元分析软件 ANSYS 对水声换能器进行建模与分析的方法,对换能器分析计算中常用的模态分析和谐波分析进行了重点阐述。

第 5 章   换能器的边界元建模

水声换能器的声辐射计算问题实际上是一个振动情况复杂的结构体的声辐射计算问题，这个振动结构体包括换能器和障板。在振动声辐射问题分析的早期，人们往往借助于特殊函数、级数逼近等方法 (如分析变量法等) 来推导出辐射问题的解析解，但这些方法只能适用于如球、活塞、圆柱、立方体等简单规则的辐射体。而对于形状任意的辐射体，是得不到声辐射的解析解的。这时，考虑利用边界元法来计算振动体的声辐射特性 [146-150]。边界元法是将描述振动声辐射问题的亥姆霍兹方程边界问题转化为边界积分方程，并利用有限元法的离散技术来进行求解的一种数值方法。边界元法有时称为边界积分方程方法，它将边界积分方程进行离散化求解 [54-63]。

边界元法分为直接配置 (direct collocation) 方式和间接变化 (indirect variational) 方式，分别称为直接边界元法和间接边界元法。本书主要研究直接边界元法。用直接边界元法解决声辐射问题的目的是计算出一个辐射体内部或者外部的声学变量、声压和质点振速。直接边界元法利用亥姆霍兹边界积分方程以很直接的方式来解决声辐射的问题。声辐射问题可分为外部问题和内部问题。声辐射问题中要计算的未知量为边界面上的声压和法向振速，一旦计算出来就可以利用它们来直接计算辐射声场中任一点的声学变量。对于一个可求解的声辐射问题，边界上的一个未知量必须事先给出。本章给出边界表面上的三种不同的边界条件。

(1) 给定边界面上的声压 (Dirichlet 边界条件)，$p = \bar{p}$。

(2) 给定边界面上的法向振速 (Neumann 边界条件)，$v_n = \bar{v}_n$。

(3) 给定边界面上的法向导纳 (混合或者 Robin 边界条件)，即给出边界面上声压和法向振速之间的关系式，$Ap + Bv_n = C$。

直接边界元法建立一套方程组来求解边界表面上的未知量，进而计算出辐射声场中的变量值。

5.1   外部问题边界积分公式

外部问题是指一个封闭表面为 S 的振动体向外辐射声波，其所要计算的声场变量都在辐射体的外面。

5.1.1 格林函数

当引入点源的概念和相对应的格林函数后, 波动方程的解被简化。当均匀脉动球源的半径比较小或者声波频率比较低, 以致有 $kr_0 \ll 1$(k 为波数, r_0 为球源半径) 时, 满足这种条件的脉动球源称为点源。把一个点源的源强定义为

$$q = \rho_0 c_0 S \overline{v} \tag{5.1}$$

式中, ρ_0 代表介质的密度; c_0 代表声波在介质中的传播速度; S 代表球源的表面积; $\overline{v}$ 代表球源的表面平均速度。

点源周围的声场必须满足亥姆霍兹波动方程, 然而在点源自身所在的位置 Y, 声场变量必须满足下面的非齐次亥姆霍兹波动方程:

$$\nabla^2 p + k^2 p = -q \cdot \delta(X - Y) \tag{5.2}$$

式中, $\delta(X - Y)$ 是三维 Dirac 函数。满足方程式 (5.2) 的声压 $p(X, Y)$ 可被看作点源的小均匀脉动球源的辐射声压 (忽略时间因子和初相位), 可写成如下形式:

$$p(X, Y) = q \frac{\mathrm{e}^{-\mathrm{j}kr(X,Y)}}{4\pi r(X,Y)} \tag{5.3}$$

式中, $r(X, Y)$ 表示场点位置 X 与源点位置 Y 之间的距离。对于一个点源的三维自由空间的格林函数 G, 定义为单位源强的点源辐射声场的解, 即

$$G(X, Y) = \frac{\mathrm{e}^{-\mathrm{j}kr(X,Y)}}{4\pi r(X,Y)} \tag{5.4}$$

对于二维问题, 格林函数为

$$G(X, Y) = -\frac{\mathrm{j}}{4} H_0^{(2)}(kr) \tag{5.5}$$

式中, $H_0^{(2)}$ 表示零阶第二类 Hankel 函数。

5.1.2 边界积分方程

关于物体表面积分问题的解决方法一般使用边界积分方程方法。使用该方法一个非常大的好处就是, 它能使问题的维数降低一维, 由于只需要在物体的表面进行计算, 这样就可以把三维问题简化为二维问题。

边界积分方程可以由格林公式推导得到。设由封闭表面 S 所围成的体积为 V, 对于 V 中任意两个光滑、非奇异的函数 ϕ 和 ψ, 即函数 ϕ 和 ψ 在 V 和 S 上都有一阶和二阶连续有界偏导数, 则由格林公式可以把体积分转化为面积分:

$$\iiint\limits_{V} (\phi\nabla^2\psi - \psi\nabla^2\phi)\mathrm{d}V = \iint\limits_{S} \left(\phi\frac{\partial\psi}{\partial n} - \psi\frac{\partial\phi}{\partial n} \right) \mathrm{d}S \tag{5.6}$$

式中, $\frac{\partial}{\partial n}$ 表示沿 S 面外法线方向的偏导数 (外法线是指法线引向函数 ϕ 和 ψ 有定义的体积 V 的外部)。式 (5.6) 能够用于解决三维声辐射问题。设振动体的表面积为 S,用振动体辐射的声压 p 替代式 (5.6) 中的 ϕ 函数,用式 (5.4) 定义的三维自由空间格林函数 G 替代式 (5.6) 中的 ψ 函数,即

$$\begin{cases} \phi = p \\ \psi = G(X,Y) \equiv \dfrac{\mathrm{e}^{-\mathrm{j}kr}}{4\pi r} \end{cases} \tag{5.7}$$

式中, $r \equiv r(X,Y)$ 表示体积 V 中任意两点 X 和 Y 之间的距离; j 是虚数单位 $\sqrt{-1}$; k 是波数, $k = \dfrac{\omega}{c_0}$, ω 为声波的角频率, c_0 为声波在介质中的传播速度。此时,式 (5.6) 就变为

$$\iiint\limits_{V} (p\nabla^2 G - G\nabla^2 p)\mathrm{d}V = \iint\limits_{S} \left(p\frac{\partial G}{\partial n} - G\frac{\partial p}{\partial n} \right) \mathrm{d}S \tag{5.8}$$

由声学基础知识可知介质中质点振动速度为

$$v = \frac{\mathrm{j}}{\rho_0\omega}\nabla p \tag{5.9}$$

式中, v 为质点振速; ∇p 为质点声压 p 的梯度; ρ_0 为介质密度; ω 为声波角频率。

所以,方程式 (5.8) 中的声压的法向偏导数 $\dfrac{\partial p}{\partial n}$ 可以表示为辐射体表面上的法向振速乘以一个常数,即

$$\frac{\partial p}{\partial n} = -\mathrm{j}\omega\rho_0 v_{\mathrm{n}} \tag{5.10}$$

式中, v_{n} 为辐射体表面上质点的法向振速。

下面将在格林公式 (5.6) 中代入声压和三维自由空间格林函数后,体积 V 和表面 S 上任意一点的声压就可以表示为辐射体振动表面 S 上的声压和法向振速的积分的形式。

5.1.3   外部亥姆霍兹方程

考虑图 5.1 所示情形,一个封闭表面积为 S 的有限大辐射体在一个无限大的区域或体积 V 中振动,向外辐射声波。这种问题归类于由亥姆霍兹方程所决定的外部声辐射问题,其所有的物理量都定义在辐射体的外部。图 5.1 中 Σ 表示半径为无限大的一个球面,体积 V 为辐射体表面 S 和无限大球面 Σ 所围成的区域。

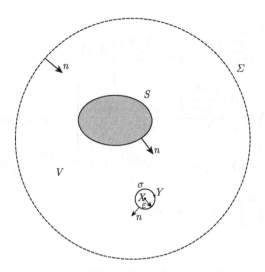

图 5.1 外部亥姆霍兹方程推导用图

要计算辐射声场中辐射体表面 S 外一点 X 处的声压。声压 p 是光滑和非奇异的，但当 $X = Y$ 时，自由空间格林函数 G 出现奇异，这时格林公式 (5.6) 不再适用。为了排除这种奇异性，在 V 中以 X 为中心、ε 为半径作一个小球面 σ，把 X 包围起来，且使 $\varepsilon \to 0$，则格林公式 (5.6) 在体积 $(V - V_\sigma)$ 和封闭表面 $(S + \sigma + \Sigma)$ 上仍然成立。由于 X 处的奇异性被排除，所以函数 p 和 G 在体积 $(V - V_\sigma)$ 中都满足齐次亥姆霍兹方程，即

$$\begin{cases} \nabla^2 p + k^2 p = 0 \\ \nabla^2 G + k^2 G = 0 \end{cases} \tag{5.11}$$

以 p 乘式 (5.11) 的第二式，又以 G 乘式 (5.11) 的第一式，然后相减，则式 (5.8) 左边被积函数恒等于 0，于是有

$$\iint\limits_{S+\sigma+\Sigma} \left[p(Y) \cdot \frac{\partial G(X,Y)}{\partial n} - G(X,Y) \cdot \frac{\partial p(Y)}{\partial n} \right] \mathrm{d}S(Y) = 0 \tag{5.12}$$

其中，法线方向是指向介质里面，即体积 V 的内部，这就是说在 S 面和 σ 面上指向外，在 Σ 面上指向内。

在 σ 面上，$r = r(X,Y)$，并且 σ 面的法线方向 n 和半径 r 增加的方向相同，即 $\dfrac{\partial}{\partial n} = \dfrac{\partial}{\partial r}$，则式 (5.12) 在 σ 面上的积分能够计算出来。

$$\iint_{\sigma} \left[p(Y) \cdot \frac{\partial \left(\dfrac{\mathrm{e}^{-\mathrm{j}kr}}{4\pi r} \right)}{\partial n} - \frac{\mathrm{e}^{-\mathrm{j}kr}}{4\pi r} \cdot \frac{\partial p(Y)}{\partial r} \right] \mathrm{d}S(Y)$$

$$= \lim_{r=\varepsilon \to 0} \iint_{\sigma} \left[p(Y) \cdot \frac{\partial \left(\dfrac{\mathrm{e}^{-\mathrm{j}kr}}{4\pi r} \right)}{\partial r} - \frac{\mathrm{e}^{-\mathrm{j}kr}}{4\pi r} \cdot \frac{\partial p(Y)}{\partial r} \right] \cdot r^2 \sin\theta \mathrm{d}\theta \mathrm{d}\varphi \qquad (5.13)$$

$$= \lim_{r=\varepsilon \to 0} \frac{1}{4\pi} \iint_{\sigma} \left[-p(Y) \cdot (\mathrm{j}kr+1) \cdot \mathrm{e}^{-\mathrm{j}kr} - r \cdot \mathrm{e}^{-\mathrm{j}kr} \cdot \frac{\partial p(Y)}{\partial r} \right] \sin\theta \mathrm{d}\theta \mathrm{d}\varphi$$

$$= - \lim_{r=\varepsilon \to 0} \frac{1}{4\pi} \int_0^{2\pi} \int_0^{\pi} p(Y) \sin\theta \mathrm{d}\theta \mathrm{d}\varphi$$

$$= -p(X)$$

式中, $p(X)$ 表示 X 点处的声压。式 (5.13) 最后一步是由于声压在 X 处连续, 当 $\varepsilon \to 0$ 时, σ 面上和 X 处的声压可以认为相等, 所以可以提到积分号外。

由于在无限大球面 Σ 上, 法线方向 n 和半径 r 增加的方向相反, 即 $\dfrac{\partial}{\partial n} = -\dfrac{\partial}{\partial r}$, 设 R 代表无限大球的半径, 则在 $R \to \infty$ 时, 式 (5.12) 在 Σ 面上的积分可以计算出来。

$$\iint_{\Sigma} \left[p(Y) \cdot \frac{\partial \left(\dfrac{\mathrm{e}^{-\mathrm{j}kr}}{4\pi r} \right)}{\partial n} - \frac{\mathrm{e}^{-\mathrm{j}kr}}{4\pi r} \cdot \frac{\partial p(Y)}{\partial r} \right] \mathrm{d}S(Y)$$

$$= - \lim_{r \to \infty} \iint_{\Sigma} \left[p(Y) \cdot \frac{\partial \left(\dfrac{\mathrm{e}^{-\mathrm{j}kr}}{4\pi r} \right)}{\partial r} - \frac{\mathrm{e}^{-\mathrm{j}kr}}{4\pi r} \cdot \frac{\partial p(Y)}{\partial r} \right] \cdot r^2 \sin\theta \mathrm{d}\theta \mathrm{d}\varphi \qquad (5.14)$$

$$= - \lim_{r \to \infty} \frac{1}{4\pi} \iint_{\Sigma} \left[-p(Y) \cdot (\mathrm{j}kr+1) \cdot \mathrm{e}^{-\mathrm{j}kr} - r \cdot \mathrm{e}^{-\mathrm{j}kr} \cdot \frac{\partial p(Y)}{\partial r} \right] \sin\theta \mathrm{d}\theta \mathrm{d}\varphi$$

$$= - \lim_{r \to \infty} \frac{1}{4\pi} \iint_{\Sigma} \left\{ r \cdot \left[\mathrm{j}kp(Y) + \frac{\partial p(Y)}{\partial r} \right] + p(Y) \right\} \cdot \mathrm{e}^{-\mathrm{j}kr} \sin\theta \mathrm{d}\theta \mathrm{d}\varphi$$

假设以下两个条件成立时, 式 (5.14) 积分值将趋于零。这两个条件是, 对于任何方向 (沿任意极角 θ 和方向角 φ), R 扩大时有

(1) 当 $r \to \infty$ 时, $p(Y) \to 0$, 即

$$\lim_{r \to \infty} |r \cdot p(Y)| \leqslant A \qquad (5.15)$$

式中，A 为任意小的常数，这时有

$$\lim_{r\to\infty} \iint_{\Sigma} p(Y)\mathrm{e}^{-\mathrm{j}kr} \sin\theta \mathrm{d}\theta \mathrm{d}\varphi = 0 \tag{5.16}$$

(2) 当 $r \to \infty$ 时，满足：

$$\lim_{r\to\infty} r \cdot \left[\mathrm{j}kp(Y) + \frac{\partial p(Y)}{\partial r}\right] = 0 \tag{5.17}$$

这时有

$$\lim_{r\to\infty} \iint_{\Sigma} r \cdot \left[\mathrm{j}kp(Y) + \frac{\partial p(Y)}{\partial r}\right] \cdot \mathrm{e}^{-\mathrm{j}kr} \sin\theta \mathrm{d}\theta \mathrm{d}\varphi = 0 \tag{5.18}$$

前一条件式 (5.15) 称为有限值条件，后一条件式 (5.17) 称为辐射条件 (或称无穷远条件)，统称为 Sommerfeld 辐射条件。满足式 (5.15) 和式 (5.17) 这两个条件，则式 (5.14) 积分值为零。实际上，如果振源都包含在 S 面内，在无穷远处没有振源，而有限物体的振动所辐射的声波的振幅在远场是随距离成反比衰减的，因此在无穷远处可满足第一条件；又如在有限域 S 内，只包含膨胀波的辐射源，则第二个条件也将得到满足。所以，此两个条件表明，振源声辐射在无穷远处没有反射波，有限范围内声源辐射波随距离而衰减，传到无穷远而消失，所以这个条件又称为熄灭原理。

将在 σ 面和 Σ 面上的积分结果，即式 (5.13) 和式 (5.14) 的积分结果代入式 (5.12) 即可得

$$\iint_{S} \left[p(Y) \cdot \frac{\partial G(X,Y)}{\partial n} - G(X,Y) \cdot \frac{\partial p(Y)}{\partial n}\right] \mathrm{d}S(Y) = p(X) \tag{5.19}$$

方程式 (5.19) 称为外部亥姆霍兹方程。这个方程将体积 V 中任意一点 X 处的声压与辐射体表面 S 上的声压和声压梯度值 (即表面法向振速) 联系起来。一旦知道了表面上的变量值 (声压和法向振速)，就可以由式 (5.19) 计算体积 V 中任意一点的声压及其他声学量。

因为表面 S 上的边界条件为指定法向振速，或者指定声压，或者给出法向振速与声压之间的关系，所以使用方程式 (5.19) 进行计算时，首先要确定表面 S 上未知的变量 (表面声压或者法向振速)。下面推导一个类似于方程式 (5.19) 关于表面上任一点的声压与表面上变量 (表面声压和法向振速) 的关系的方程。

5.1.4 表面亥姆霍兹方程

为了得到表面上任一点的声压积分表达式，考虑辐射体封闭表面 S 上的任一点 X 作为源点，假设辐射体表面 S 在 X 处是光滑的。当计算的场点 $Y \to X$ 时，

在 X 处产生奇异。这时可以以 X 为中心，以 $\varepsilon \to 0$ 为半径作一个小半球，半球面为 σ，将 X 点包围，以此来排除 X 处的奇异性，如图 5.2 所示，图中其他符号的定义与图 5.1 相同。

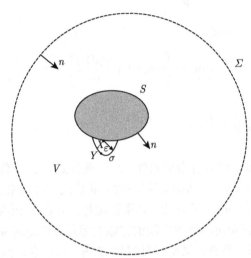

图 5.2　表面亥姆霍兹方程推导用图

使用与推导方程式 (5.19) 相同的步骤，可以得到下面的结果：

$$\iint\limits_{\Sigma} \left[p(Y) \cdot \frac{\partial G(X,Y)}{\partial n} - G(X,Y) \cdot \frac{\partial p(Y)}{\partial n} \right] \mathrm{d}S(Y) = 0 \tag{5.20}$$

$$\lim_{r=\varepsilon \to 0} \iint\limits_{\sigma} \left[p(Y) \cdot \frac{\partial G(X,Y)}{\partial n} - G(X,Y) \cdot \frac{\partial p(Y)}{\partial n} \right] \mathrm{d}S(Y)$$
$$= -\int_0^{2\pi} \int_0^{\frac{\pi}{2}} p(Y) \sin\theta \mathrm{d}\theta \mathrm{d}\varphi \tag{5.21}$$
$$= -\frac{p(Y)}{2}$$

把式 (5.20) 和式 (5.21) 的结果代入式 (5.12) 可得

$$\iint\limits_{S} \left[p(Y) \cdot \frac{\partial G(X,Y)}{\partial n} - G(X,Y) \cdot \frac{\partial p(Y)}{\partial n} \right] \mathrm{d}S(Y) = \frac{p(X)}{2} \tag{5.22}$$

方程式 (5.22) 即称为表面亥姆霍兹方程。

如果辐射表面 S 在 X 处不光滑，则 σ 不是一个半球面，所以当 ε 趋于 0 时，σ 面上的积分不再趋于 $\frac{1}{2}$，而是趋于一个 0~1 的值，其值由式 (5.23) 决定。

$$\iint\limits_{\sigma} \sin\theta \mathrm{d}\theta \mathrm{d}\phi = C(X) \tag{5.23}$$

能够证明 $C(X)$ 可以通过面 S 上的积分来表达, 为

$$C(X) = 1 + \frac{1}{4\pi} \iint\limits_{S} \frac{\partial}{\partial n} \left(\frac{1}{r} \right) \mathrm{d}S(Y) \tag{5.24}$$

有了系数 $C(X)$ 后, 方程式 (5.22) 就可以写成下面更一般的形式:

$$\iint\limits_{S} \left[p(Y) \cdot \frac{\partial G(X,Y)}{\partial n} - G(X,Y) \cdot \frac{\partial p(Y)}{\partial n} \right] \mathrm{d}S(Y) = C(X)p(X) \tag{5.25}$$

5.1.5 内部亥姆霍兹方程

如果场点 X 在辐射体封闭表面 S 的内部, 由于振动体是向外辐射声波, 内部声压为零, 则在体积 V 中 (封闭表面 S 的内部) 对函数 p 和 G 运用格林公式, 使用与推导方程式 (5.19) 相同的步骤, 可以得

$$\iint\limits_{S} \left[p(Y) \cdot \frac{\partial G(X,Y)}{\partial n} - G(X,Y) \cdot \frac{\partial p(Y)}{\partial n} \right] \mathrm{d}S(Y) = 0 \tag{5.26}$$

方程式 (5.26) 称为内部亥姆霍兹方程。

综上所述, 外部问题的边界积分方程可写为如下形式:

$$\iint\limits_{S} \left[p(Y) \cdot \frac{\partial G(X,Y)}{\partial n} - G(X,Y) \cdot \frac{\partial p(Y)}{\partial n} \right] \mathrm{d}S(Y) = C(X)p(X) \tag{5.27}$$

其中, 当 X 点在辐射体外部时, $C(X) = 1$; 当 X 点在辐射体内部时, $C(X) = 0$; 当 X 点在辐射体表面且表面光滑时, $C(X) = \frac{1}{2}$; 当 X 点在辐射体表面且表面不光滑时, $C(X) = 1 + \frac{1}{4\pi} \iint\limits_{S} \frac{\partial}{\partial n} \left(\frac{1}{r} \right) \mathrm{d}S(Y)$。

5.2　内部问题边界积分公式

内部问题是指一个封闭表面为 S 的振动体向内辐射声波, 其所要计算的声场变量都在辐射体内部。内部问题边界积分公式与外部问题边界积分公式有相同的推导过程。这时声场的解不再需要满足 Sommerfeld 辐射条件, 并且法向量 n 仍然指向声波传播介质, 内部问题指向辐射表面的内部。内部问题的边界积分方程为

$$\iint\limits_{S} \left[p(Y) \cdot \frac{\partial G(X,Y)}{\partial n} - G(X,Y) \cdot \frac{\partial p(Y)}{\partial n} \right] \mathrm{d}S(Y) = C^{0}(X)p(X) \tag{5.28}$$

其中, 当 X 点在辐射体内部时, $C^{0}(X) = 1$; 当 X 点在辐射体外部时, $C^{0}(X) = 0$; 当 X 点在辐射体表面且表面光滑时, $C^{0}(X) = \frac{1}{2}$; 当 X 点在辐射体表面且表面

不光滑时, $C^0(X) = \dfrac{1}{4\pi} \displaystyle\iint_S \dfrac{\partial}{\partial n}\left(\dfrac{1}{r}\right)\mathrm{d}S(Y)$。内部问题与外部问题是互补的, 由于它们的法向量方向是相反的, 所以有 $C(X) + C^0(X) = 1$。

5.3　边界元数值计算

如前面所述, 在一个边界积分问题中, 要么已知表面声压 p, 要么已知表面的法向振速 $\dfrac{\partial p}{\partial n}$。这二者之间的关系可以通过表面亥姆霍兹方程表示。为了能够计算积分值, 把振动表面划分为多个单元, 来近似表达振动体的表面形状和表面上的声学变量。作为一个例子, 本书使用等参变换的方法, 并且使用二次插值形函数。

假设振动表面 S 被划分为 N 个表面单元, 这些单元或者是四边形, 或者是三角形, 每个单元有 8 个或 6 个节点, 如图 5.3 所示。表面上任一点的坐标都可以通过节点的坐标近似求得。设表面上任一点的全局三维笛卡儿坐标为 $x_i(i = 1, 2, 3)$, 该点所属单元的节点的全局坐标为 $x_{i\alpha}(i = 1, 2, 3; \alpha = 1, 2, \cdots, 6$ 或 8$)$, 则有

$$x_i(\xi) = \sum_\alpha N_\alpha(\xi) \cdot x_{i\alpha}, i = 1, 2, 3, \alpha = 1, 2, \cdots, 6 \text{或} 8 \tag{5.29}$$

式中, $N_\alpha(\xi)$ 为关于单元上局部坐标 $(\xi) \equiv (\xi_1, \xi_2)$ 的二次形函数, 如下所示。

对于四边形单元, 有

$$\begin{cases} N_1(\xi) = (\xi_1 + 1)(\xi_2 + 1)(\xi_1 + \xi_2 - 1)/4 \\ N_2(\xi) = (\xi_1 - 1)(\xi_2 + 1)(\xi_1 - \xi_2 + 1)/4 \\ N_3(\xi) = (1 - \xi_1)(\xi_2 - 1)(\xi_1 + \xi_2 + 1)/4 \\ N_4(\xi) = (\xi_1 + 1)(1 - \xi_2)(\xi_1 - \xi_2 - 1)/4 \\ N_5(\xi) = (\xi_1 + 1)(1 - \xi_2^2)/2 \\ N_6(\xi) = (\xi_2 + 1)(1 - \xi_1^2)/2 \\ N_7(\xi) = (1 - \xi_1)(1 - \xi_2^2)/2 \\ N_8(\xi) = (1 - \xi_2)(1 - \xi_1^2)/2 \end{cases} \tag{5.30}$$

对于三角形单元, 有

$$\begin{cases} N_1(\xi) = \xi_1(2\xi_1 - 1) \\ N_2(\xi) = \xi_2(2\xi_2 - 1) \\ N_3(\xi) = \xi_3(2\xi_3 - 1) \\ N_4(\xi) = 4\xi_3\xi_1 \\ N_5(\xi) = 4\xi_1\xi_2 \\ N_6(\xi) = 4\xi_2\xi_3 \\ \xi_1 + \xi_2 + \xi_3 = 1 \end{cases} \tag{5.31}$$

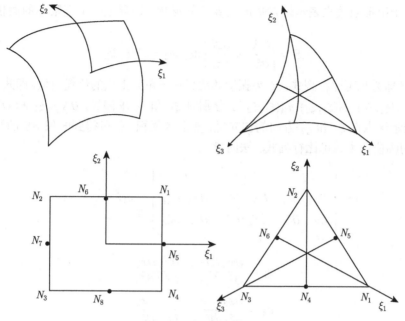

图 5.3　边界单元定义

对于等参单元, 边界面上的变量声压 p 和代表质点法向振速的声压法向偏导 $\frac{\partial p}{\partial n}$ (以下用 p' 表示) 可以使用与上面相同的插值函数, 即

$$p_m(\xi) = \sum_\alpha N_\alpha(\xi)p_{m\alpha} \tag{5.32}$$

$$p'_m(\xi) = \sum_\alpha N_\alpha(\xi)p'_{m\alpha} \tag{5.33}$$

式中, $p_{m\alpha}$ 和 $p'_{m\alpha}$ 分别表示第 m 号单元上第 α 个节点的 p 和 p' 的值。

在边界面的每个单元上使用外部问题的边界积分方程式 (5.27) 可得

$$\sum_m \iint_{S_m} p_m(Y)\frac{\partial G}{\partial n}\mathrm{d}S(Y) - C(X)p(X) = \sum_m \iint_{S_m} p'_m(Y)G\mathrm{d}S(Y) \tag{5.34}$$

式中, S_m 表示边界面上第 m 号单元的面积。由式 (5.29)、式 (5.32) 和式 (5.33) 可以把式 (5.34) 变换为

$$\sum_m \iint_{S_m} \sum_\alpha N_\alpha(\xi)p_{m\alpha}\frac{\partial G}{\partial n}J(\xi)\mathrm{d}\xi - C(X)p(X) = \sum_m \iint_{S_m} \sum_\alpha N_\alpha(\xi)p'_{m\alpha}GJ(\xi)\mathrm{d}\xi \tag{5.35}$$

式中, $J(\xi)$ 表示式 (5.29) 所给出的坐标变换的雅可比行列式, 按如下方法计算。

　　对于用形函数来表示辐射体的边界几何形状, 边界上一个无限小的面积可以表示为

$$\mathrm{d}S = \left| \frac{\partial \boldsymbol{X}}{\partial \xi_1} \times \frac{\partial \boldsymbol{X}}{\partial \xi_2} \right| \mathrm{d}\xi_1 \mathrm{d}\xi_2 = J \mathrm{d}\xi_1 \mathrm{d}\xi_2 \tag{5.36}$$

式中, J 即为雅可比行列式; $\boldsymbol{X}$ 为振动体边界任一单元上点的位置向量, 即式 (5.29) 中的 $[x_1(\xi_1, \xi_2), x_2(\xi_1, \xi_2), x_3(\xi_1, \xi_2)]$。分别对 ξ_1 和 ξ_2 求偏导, $\partial X/\partial \xi_1$ 和 $\partial X/\partial \xi_1$ 分别表示该点在 ξ_1 和 ξ_2 方向的切向量, 然后求叉积, 就可得到面积 $\mathrm{d}S$ 的法向量 $\boldsymbol{v}$, $\boldsymbol{v}$ 的幅值即为雅可比行列式。法向量 $\boldsymbol{v}$ 为

$$\boldsymbol{v} = \begin{vmatrix} \boldsymbol{i} & \boldsymbol{j} & \boldsymbol{k} \\ \partial x_1/\partial \xi_1 & \partial x_2/\partial \xi_1 & \partial x_3/\partial \xi_1 \\ \partial x_1/\partial \xi_2 & \partial x_2/\partial \xi_2 & \partial x_3/\partial \xi_2 \end{vmatrix} = v_1 \boldsymbol{i} + v_2 \boldsymbol{j} + v_3 \boldsymbol{k} \tag{5.37}$$

式中,

$$v_1 = \frac{\partial x_2}{\partial \xi_1} \frac{\partial x_3}{\partial \xi_2} - \frac{\partial x_3}{\partial \xi_1} \frac{\partial x_2}{\partial \xi_2} \tag{5.38}$$

$$v_2 = \frac{\partial x_3}{\partial \xi_1} \frac{\partial x_1}{\partial \xi_2} - \frac{\partial x_1}{\partial \xi_1} \frac{\partial x_3}{\partial \xi_2} \tag{5.39}$$

$$v_3 = \frac{\partial x_1}{\partial \xi_1} \frac{\partial x_2}{\partial \xi_2} - \frac{\partial x_2}{\partial \xi_1} \frac{\partial x_1}{\partial \xi_2} \tag{5.40}$$

则雅可比行列式为

$$J = \sqrt{v_1^2 + v_2^2 + v_3^2} \tag{5.41}$$

单位法向量为

$$\boldsymbol{n} = \frac{\boldsymbol{v}}{J} \tag{5.42}$$

　　在前面的方程中, 坐标 x_1, x_2, x_3 对局部坐标 ξ_1, ξ_2 的偏导数可通过形函数的微分求得, 由式 (5.29) 可得

$$\frac{\partial x_i}{\partial \xi_1} = \sum_\alpha x_{i\alpha} \frac{\partial N_\alpha}{\partial \xi_1}, i = 1, 2, 3, \alpha = 1, \cdots, 6或8 \tag{5.43}$$

$$\frac{\partial x_i}{\partial \xi_2} = \sum_\alpha x_{i\alpha} \frac{\partial N_\alpha}{\partial \xi_2}, i = 1, 2, 3, \alpha = 1, \cdots, 6或8 \tag{5.44}$$

方程式 (5.35) 可进一步写为

$$\sum_m \sum_\alpha p_{m\alpha} \iint_{S_m} N_\alpha(\xi) \frac{\partial G}{\partial n} J(\xi) \mathrm{d}\xi - C(X) p(X) = \sum_m \sum_\alpha p'_{m\alpha} \iint_{S_m} N_\alpha(\xi) G J(\xi) \mathrm{d}\xi \tag{5.45}$$

　　考虑边界表面上任一节点 X_j, j 为该节点在表面上所有节点中的全局序号, 对这一节点 X_j 进行计算。

定义下列符号：

$p_j = p(X_j)$，表示表面上节点 j 处的声压；

$R_j = R(X_j, Y)$，表示表面上节点 j 到表面上任一点 Y 的距离；

$G_j = G(X_j, Y)$，表示表面上节点 j 与表面上任一点 Y 之间的格林函数，可由式 (5.4) 定义。并且令

$$a_{mj}^{\alpha} = \iint\limits_{S_m} N_{\alpha}(\xi) \frac{\partial G_j}{\partial n} J(\xi) \mathrm{d}\xi \tag{5.46}$$

$$b_{mj}^{\alpha} = \iint\limits_{S_m} N_{\alpha}(\xi) G_j J(\xi) \mathrm{d}\xi \tag{5.47}$$

$$C_{mj} = \frac{1}{4\pi} \iint\limits_{S_m} \frac{\partial}{\partial n} \left(\frac{1}{R_j}\right) J(\xi) \mathrm{d}\xi \tag{5.48}$$

其中，

$$\frac{\partial G_j}{\partial n} = \frac{\partial G_j}{\partial R_j} \cdot \frac{\partial R_j}{\partial n} \tag{5.49}$$

$$\frac{\partial R_j}{\partial n} = \nabla R_j \cdot \boldsymbol{n} = \frac{x(Y) - x(X_j)}{R_j} n_x + \frac{y(Y) - y(X_j)}{R_j} n_y + \frac{z(Y) - z(X_j)}{R_j} n_z \tag{5.50}$$

利用式 (5.46)~ 式 (5.50)，方程式 (5.45) 可变为

$$\sum_m \sum_\alpha p_{m\alpha} a_{mj}^{\alpha} - p_j \left(1 + \sum_m C_{mj}\right) = \sum_m \sum_\alpha p'_{m\alpha} b_{mj}^{\alpha} \tag{5.51}$$

每个 m、α 组合对应一个全局节点 l，然而一个全局节点 l 可能对应不同的 m、α 组合，把相同的节点进行合并，采用全局体系可得

$$\sum_m \sum_\alpha a_{mj}^{\alpha} \phi_{m\alpha} \equiv \sum_l \hat{A}_{jl} \phi_l \tag{5.52}$$

$$\sum_m \sum_\alpha b_{mj}^{\alpha} \phi'_{m\alpha} \equiv \sum_l \hat{B}_{jl} \phi'_l \tag{5.53}$$

把方程式 (5.52) 和式 (5.53) 代入方程式 (5.51) 可得

$$\sum_l \hat{A}_{jl} p_l - \left(1 + \sum_m C_{mj}\right) p_j = \sum_l B_{jl} p'_l \tag{5.54}$$

把 p_j 写为 $\delta_{jl} p_l$，其中 δ_{jl} 当 $j = l$ 时为 1，其他情况为 0，令

$$A_{jl} \equiv \hat{A}_{jl} - \left(1 + \sum_m C_{mj}\right) \delta_{jl} \tag{5.55}$$

这样，方程式 (5.54) 为

$$\sum_l A_{jl}p_l = \sum_l B_{jl}p'_l \tag{5.56}$$

方程式 (5.56) 给出了考虑节点 X_j 时表面上所有节点的声压与声压法向偏导之间的一个关系式，对于表面上任一节点都有这样一个方程。如果表面上共有 L 个节点，则能够得到由 L 个线性代数方程组成的联立方程组。如果每个节点上的声压法向偏导已知，即已知振动体表面的法向振速，则这个方程组就为有 L 个未知声压变量的方程组。把该方程组写成矩阵形式：

$$[A]\{p\} = [B]\{p'\} \tag{5.57}$$

矩阵 $[A]$ 和矩阵 $[B]$ 中的元素可以通过式 (5.46)～ 式 (5.48) 计算出来的值经过一些线性组合得到。列向量 $\{p\}$ 和 $\{p'\}$ 表示离散表面所有节点上的声压和声压法向偏导。解这个联立方程组即可求出表面上的未知变量。一旦表面上所有节点的声压 p 和声压法向偏导 p' 计算出来，振动表面外，即辐射场体积 V 中任一点 X_j 的声压值就可以通过方程式 (5.19) 计算出来。通过与上面相同的推导步骤，可以得到方程式 (5.19) 的离散形式：

$$\sum_m \sum_\alpha p_{m\alpha}A^\alpha_{mj} - \sum_m \sum_\alpha p'_{m\alpha}B^\alpha_{mj} = p(X_j) \tag{5.58}$$

式中，

$$A^\alpha_{mj} = \iint\limits_{S_m} N_\alpha(\xi)\frac{\partial G_j}{\partial n}J(\xi)\mathrm{d}\xi \tag{5.59}$$

$$B^\alpha_{mj} = \iint\limits_{S_m} N_\alpha(\xi)G_jJ(\xi)\mathrm{d}\xi \tag{5.60}$$

假设振动体的辐射声场，即体积 V 中有 M 个点，每个点的声压都可以通过式 (5.58) 求得。把这 M 个场点的声压记为列向量 $\{p_Q\}$，则式 (5.58) 可写为矩阵的形式：

$$\{p_Q\} = [C]\{p\} + [D]\{p'\} \tag{5.61}$$

式中，列向量 $\{p\}$ 和 $\{p'\}$ 与式 (5.57) 中表示的含义相同，为离散表面所有节点上的声压和声压法向偏导，矩阵 $[C]$ 和矩阵 $[D]$ 中的元素可以通过式 (5.59) 和式 (5.60) 计算出的值经过一些线性组合得到。

方程式 (5.57) 和式 (5.61) 即为用边界元法计算振动体声辐射的基本矩阵方程。给出振动体表面上的边界条件 (如法向振速) 后，就可由式 (5.57) 和式 (5.61) 求出振动体表面上及辐射声场中任意一点的声压。

5.4 奇异积分

为了得到准确的计算结果, 式 (5.46)~ 式 (5.48)、式 (5.59) 和式 (5.60) 的积分计算必须有足够的计算精度。而这些积分的计算精度取决于以下因素: 边界单元划分的数量, 一般数量越多, 精度越高; 形函插值函数的选取, 前面使用的是二次插值, 也可用三次样条插值等高次插值; 数值积分的方式, 在积分过程中有奇异积分需要处理。

当两个点 X 和 Y 之间的距离 R 趋近于 0 时, 积分核函数 G 或者 $\partial G/\partial n$ 趋近于无穷大, 出现奇异性。当 Y 与 X_j 在同一个单元上时, 会出现奇异性, 当它们不在同一个单元上时, 不会出现奇异性, 这时可用简单的高斯积分公式进行计算。奇异积分可以通过坐标变换把直角坐标转化为极坐标来消除奇异性, 如图 5.4 所示, 分别表示四边形单元和三角形单元奇异点在顶点及在边上的情况。在 X_j 所在的单元上发生奇异性时, 可以把单元在 X_j 的位置进一步细分, 把 X_j 作为极点建立一个局部的极坐标系, 则单元的面积就由原来的 $\mathrm{d}\xi = \mathrm{d}\xi_1\mathrm{d}\xi_2$ 变为 $\rho\mathrm{d}\rho\mathrm{d}\theta$, 并且有 $\rho \equiv R_j(\xi)$。

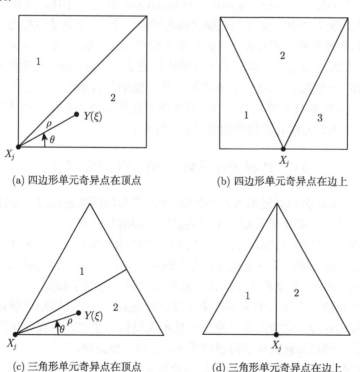

(a) 四边形单元奇异点在顶点   (b) 四边形单元奇异点在边上

(c) 三角形单元奇异点在顶点   (d) 三角形单元奇异点在边上

图 5.4 奇异单元上的数值积分

对于积分核函数为 G，积分中出现 $1/R_j(\xi)$ 项，由于直角坐标转化为极坐标后，积分中产生一个额外的 ρ 项，与 $1/R_j(\xi)$ 可以相消，所以可以消除积分的奇异性。

对于积分核函数为 $\partial G/\partial n$，积分中会出现：

$$\frac{\partial}{\partial n}\left[\frac{\mathrm{e}^{-\mathrm{j}kR_j(\xi)}}{R_j}\right] = -\frac{\mathrm{j}kR_j(\xi)+1}{R_j(\xi)^2}\mathrm{e}^{-\mathrm{j}kR_j(\xi)}\frac{\partial R_j(\xi)}{\partial n} \tag{5.62}$$

可以证明当 $R_j(\xi)$ 趋近于 0 时，$\partial R_j(\xi)/\partial n$ 与 $R_j(\xi)$ 同阶，所以当趋近于奇异性时，这种情况下的积分与积分核为 $1/R_j(\xi)$ 时的情况一样。同样，通过极坐标变换，由于产生额外的 ρ 项，奇异性也可被消除。因此，积分也可用相同类型的高斯积分公式进行计算。

5.5   解的非唯一性

用边界元法计算振动体声辐射的一个缺点是，对于外部问题表面亥姆霍兹方程在辐射体特征频率处的解不唯一。克服解的非唯一性最简单的方法是使用 CHIEF (combined Helmholtz integral equation formulation) 方法。CHIEF 方法引入内部亥姆霍兹方程，即式 (5.26)，也就是在辐射体内部取几个点 (把这些点称为 CHIEF 点) 构成的内部亥姆霍兹方程与表面亥姆霍兹方程组成一个超定 (overdetermine) 方程组，用最小二乘法解这个方程组就可以消除解的非唯一性，得到问题的唯一解。在使用 CHIEF 方法时，CHIEF 点的选取要尽可能随机分散些，并且随着频率的增加，CHIEF 点的数目也要增加。当计算频率不在辐射体的特征频率处时，用边界元法与用 CHIEF 方法计算出来的结果是一样的。

5.6   边界元计算软件 SYSNOISE 简介

比利时 LMS 公司开发的 SYSNOISE 软件是专门用来进行边界元计算的商用软件。可用 SYSNOISE 软件进行水声换能器声辐射的计算。

LEUVEN MEASUREMENT SYSTEM INTERNATIONAL，简称 LMS，是比利时一家著名的振动和声学方面的测试分析软件公司，LMS 公司先进的数值计算技术使 LMS 公司关于振动和声学的计算软件在世界上起到了领头作用。SYSNOISE 软件是该公司的一个核心的大型声学计算分析商业软件，在国际声学计算分析领域中占据领先地位。它为声学专业工程技术人员提供了在产品设计阶段就对其声辐射性能进行预报和解决声学问题的手段，受到一致好评。

SYSNOISE 软件最基本的功能是用边界元法计算结构体振动时的声辐射。结构体振动的法向振速可人为设定，也可以是实际测得的速度响应数据，或者是由有限元方法或其他方法计算得到的速度响应数据。SYSNOISE 软件可以利用这些数据进一步计算结构表面的声压和结构周围的声场分布。

由于 SYSNOISE 软件中没有边界元网格生成的前处理功能，SYSNOISE 中所需网格要借助其他有限元分析软件 (如 ANSYS、I-DEAS、MSC/PATRAN 等) 来生成，SYSNOISE 为这些软件的数据预留了接口。可采用 ANSYS 软件建立振动结构体三维模型，并进行网格划分，对于复杂的结构体可用 PRO/ENGINEER 软件和 ANSYS 软件相结合来建立模型。模型网格数据传入后，SYSNOISE 软件可对其设定边界条件、材料和流体特性参数等，特别地，其可设定辐射体弹性障板结构的阻抗边界条件，用于声学计算。SYSNOISE 软件不仅可以从有限元软件 (如 ANSYS) 读取模型网格数据，并且可以从这些软件读取模态、表面振动位移及振速等计算结果，作为进行声辐射计算的初始条件。SYSNOISE 能够自动将有限元模型转换为边界元模型，提高了建模效率。在前处理中，SYSNOISE 能够自动检测所建立的模型是否和所选择的计算方法匹配，并且能够自动检测并产生模型的声辐射表面。

SYSNOISE 软件后处理功能很强大，可以显示三维模型图、彩色等高图、动态变形图等，并且有声压、声强、声功率等图像的绘制，以及用直角坐标和极坐标绘制声学指向性等。并且 SYSNOISE 的计算结果可导入 MATLAB 中进行分析处理。

当用 SYSNOISE 软件进行计算时，通常模型的网格越密，单元和节点数越多，最后计算出来的结果也就越准确。一般要求每个单元的边长小于 1/6 个波长。这样，要分析的频率越高，所要求的单元数就越多，计算的时间也就越长。

在 SYSNOISE 软件中也可用 CHIEF 方法进行计算以消除辐射声场在振动体特征频率处解非唯一性的问题，具体方法是在辐射体内选择几个超定 (overdetermine) 点或者称为 CHIEF 点一起进行计算。

5.7 本章小结

本章主要研究了用于计算水声换能器及基阵声辐射的边界元模型基本理论。水声换能器及基阵的声辐射计算问题实际上是一个振动情况复杂的结构体的声辐射计算问题，这个振动结构体包括换能器和障板。详细推导了计算振动体声辐射的边界积分方程，包括外部亥姆霍兹方程、表面亥姆霍兹方程和内部亥姆霍兹方程。给出了把边界积分方程进行离散化的边界元数值计算方法，包括使用等参变换的方法用二次插值形函数进行计算，并推导了计算振动体声辐射的矩阵形式的边界积分方程。给出了边界元计算中的奇异积分问题和解的非唯一性问题的解决方法。最后介绍了用来对振动体声辐射进行边界元计算的 SYSNOISE 软件及其使用方法。

第6章　换能器及基阵声辐射建模与计算

水声换能器及基阵的声辐射计算主要包括对其辐射声场和辐射阻抗的计算，主要包括两个方面：一是研究当声源振动时，辐射声场的各种规律，如声场中声压与声源的关系、声压随距离的变化及声源的指向性等；二是研究由声源激发的声场反过来对声源振动状态的影响，也就是由于辐射声波而附加于声源的辐射阻抗。对于均匀脉动球源、活塞式换能器等简单规则的声源，其声辐射特性具有解析解，可通过理论公式推导得到 [1,6,7]。而复杂形状换能器的声辐射特性则需要通过有限元方法、边界元法等数值计算的方法得到 [47,48,64,65]。本章主要介绍简单典型声源的声辐射特性计算，以及用边界元法对复杂的水声换能器及基阵的辐射声场与辐射阻抗进行建模与计算。

6.1　均匀脉动球源的声辐射

均匀脉动球源是进行均匀涨缩振动的球面声源，也就是在球源表面上各点沿着径向做同振幅、同相位的振动。设有一个半径为 r_0 的球体，其表面做均匀的微小涨缩振动，从而在周围的介质中辐射声波。因为球面的振动过程具有各向均匀的脉动性质，所以它所产生的声波波阵面是球面的，辐射的是均匀球面波。设球源表面的振动速度为

$$u = u_A e^{j(\omega t - kr_0)} \tag{6.1}$$

式中，u_A 为振速幅值；$-kr_0$ 是为了计算方便而引入的初位相角。则由波动方程可求得距离脉动球源中心 r 处的辐射声压为

$$p = p_A e^{j(\omega t - kr + \theta)} \tag{6.2}$$

式中，$p_A = \dfrac{|A|}{r}$，$|A| = \dfrac{\rho_0 c_0 k r_0^2 u_A}{\sqrt{1 + (kr_0)^2}}$，$\rho_0$ 代表介质的密度；$\theta = \arctan\left(\dfrac{1}{kr_0}\right)$；$k$ 是波数，$k = \dfrac{\omega}{c_0}$，ω 为声波的角频率，c_0 代表声波在介质中的传播速度。

当均匀脉动球源的半径 r_0 比声波波长小很多，即满足 $kr_0 \ll 1$ 条件时，此脉动球源称为点源。定义 $Q_0 = 4\pi r_0^2 u_A$ 为小脉动球源容积速度的幅值，称为点源强度。则当 $kr_0 \ll 1$ 时，式 (6.2) 中的 $\theta \approx \dfrac{\pi}{2}$，此时式 (6.2) 成为

$$p = j\frac{k\rho_0 c_0}{4\pi r} Q_0 e^{j(\omega t - kr)} \tag{6.3}$$

式 (6.3) 即为点源的辐射声压计算公式。

脉动球源在介质中振动时使介质发生了稀密交替的形变，从而辐射声波。另外，声源本身也处于由它自己辐射形成的声场中，因此它必然受到声场对它的反作用力，表现为脉动球源的辐射阻抗。均匀脉动球源的辐射阻抗为声场对球源的作用力与球源的振速之比，即

$$Z_r = -\frac{F_r}{u} \tag{6.4}$$

式中，负号表示作用力的方向与声压的变化方向相反。

可求得均匀脉动球源的辐射阻抗为

$$Z_r = R_r + jX_r \tag{6.5a}$$

$$R_r = \rho_0 c_0 \frac{k^2 r_0^2}{1 + k^2 r_0^2} S_0 \tag{6.5b}$$

$$X_r = \rho_0 c_0 \frac{k r_0}{1 + k^2 r_0^2} S_0 \tag{6.5c}$$

式中，R_r 和 X_r 分别为均匀脉动球源的辐射阻和辐射抗。

应用辐射阻抗的概念可以方便地研究声源的辐射特性。由辐射阻与力的关系，以及功率与力和速度的关系可得均匀脉动球源的平均辐射声功率为

$$W = \frac{1}{2} R_r u_A^2 \tag{6.6}$$

由式 (6.6) 可知，如果声源振速恒定，即 u_A 给定，那么声源的平均辐射声功率仅取决于辐射阻，与辐射阻成正比。

6.2 无限大刚性障板平面上圆形活塞的声辐射

活塞式声源，是指一种平面状的振子，当它沿平面的法线方向振动时，其面上各点的振动速度幅值和位相都是相同的。本节讨论嵌在无限大刚性障板平面上圆形活塞的声辐射，实际使用中只要障板的尺寸比声波在介质中的波长大很多，就可以认为是无限大障板。

设在无限大刚性障板平面上嵌有一个半径为 a 的圆形活塞，静止时活塞表面与障板表面在同一平面上，当活塞以速度 $u = u_A e^{j\omega t}$ 振动时，向障板前面的半空间辐射声波。

取活塞中心为坐标原点，活塞所在的平面为 xy 平面，由于声场相对于穿过活塞中心的 z 轴是旋转对称的，可以不失一般性地设声场中的观察点 P 位于 yz 平面内，它离开原点的距离为 r，位置矢量 $\boldsymbol{r}$ 与 z 轴的夹角为 θ，如图 6.1 所示。

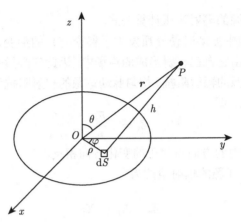

图 6.1　无限大刚性障板平面上圆形活塞

在远场情况下，即 $r \gg a$ 时，可以通过一些近似处理求得无限大刚性障板平面上圆形活塞的远场辐射声压为

$$p = \mathrm{j}\omega \frac{\rho_0 u_{\mathrm{A}} a^2}{2r} \left[\frac{2J_1(ka\sin\theta)}{ka\sin\theta} \right] \mathrm{e}^{\mathrm{j}(\omega t - kr)} \tag{6.7}$$

活塞的远场指向性函数为

$$D(\theta) = \frac{(p_{\mathrm{A}})_\theta}{(p_{\mathrm{A}})_{\theta=0}} = \left| \frac{2J_1(ka\sin\theta)}{ka\sin\theta} \right| \tag{6.8}$$

无限大刚性障板平面上圆形活塞 z 轴方向上的辐射声压为

$$p = 2\rho_0 c_0 u_{\mathrm{A}} \sin\frac{k}{2}(R - z) \mathrm{e}^{\mathrm{j}\left[\omega t - \frac{k}{2}(R+z) + \frac{\pi}{2}\right]} \tag{6.9}$$

式中，$R = \sqrt{a^2 + z^2}$。式 (6.9) 是没有经过任何近似得到的，因此它是活塞轴线上声场的严格解。对式 (6.9) 中正弦函数部分取绝对值得 $\left| \sin\frac{k}{2}(R - z) \right|$，用它可以描述活塞轴线上声压振幅随离开活塞中心的距离而变化的规律。

活塞轴线上，声压振幅出现最后一个极大值的位置 z_{g} 可以看作活塞从近场过渡到远场的分界线，因此 z_{g} 称为活塞声源的近远场临界距离，可求得 z_{g} 为

$$z_{\mathrm{g}} = \frac{a^2}{\lambda} \tag{6.10}$$

图 6.2 为利用式 (6.9) 计算得到的无限大刚性障板平面上圆形活塞的轴向声压幅度，活塞半径 $a=0.25\mathrm{m}$，液体密度 $\rho_0=1000\mathrm{kg/m}^3$，声速 $c_0=1500\mathrm{m/s}$，频率 $f=15000\mathrm{Hz}$，波长 $\lambda = 0.1\mathrm{m}$，活塞振速为 $u_{\mathrm{A}}=1\mathrm{m/s}$，临界距离 $z_{\mathrm{g}}=0.625\mathrm{m}$。

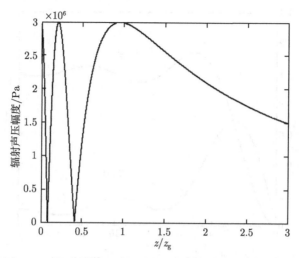

图 6.2　无限大刚性障板平面上圆形活塞的轴向声压幅度

　　由此可见，无限大刚性障板平面上圆形活塞的轴向辐射声压振幅在轴向距离 $z < z_g$ 时起伏变化，在 $z \gg z_g$ 时开始像球面波一样随距离 z 呈反比衰减。

　　当无限大刚性障板平面上圆形活塞振动时，其也处于它自身产生的声场中，因此它不仅受到机械策动力，也受到自辐射声场的作用力 F_r，可求得此作用力为

$$F_r = -\rho_0 c_0 \pi a^2 u_A [R_1(2ka) + jX_1(2ka)] e^{j\omega t} \tag{6.11}$$

式中，函数 $R_1(x)$ 和 $X_1(x)$ 分别为

$$
\begin{aligned}
R_1(x) &= 1 - \frac{2J_1(x)}{x} = \frac{x^2}{2 \times 4} - \frac{x^4}{2 \times 4^2 \times 6} + \frac{x^6}{2 \times 4^2 \times 6^2 \times 8} - \cdots \\
X_1(x) &= \frac{2K_1(x)}{x^2} = \frac{4}{\pi} \left(\frac{x}{3} - \frac{x^3}{3^2 \times 5} + \frac{x^5}{3^2 \times 5^2 \times 7} - \cdots \right)
\end{aligned}
\tag{6.12}
$$

图 6.3 为函数 $R_1(x)$ 和 $X_1(x)$ 随 x 的变化曲线。

无限大刚性障板平面上圆形活塞的辐射阻抗为

$$Z_r = \frac{-F_r}{u} = \rho_0 c_0 \pi a^2 [R_1(2ka) + jX_1(2ka)] \tag{6.13}$$

圆形活塞辐射阻抗的实部和虚部分别为活塞的辐射阻 R_r 和辐射抗 X_r：

$$
\begin{cases}
R_r = \rho_0 c_0 \pi a^2 R_1(2ka) \\
X_r = \rho_0 c_0 \pi a^2 X_1(2ka)
\end{cases}
\tag{6.14}
$$

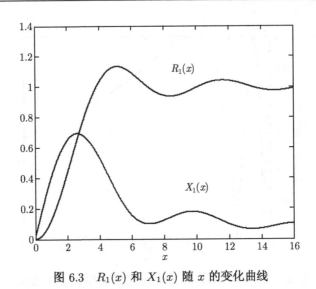

图 6.3　$R_1(x)$ 和 $X_1(x)$ 随 x 的变化曲线

式中, ρ_0 为介质的密度; c_0 为声波在介质中的传播速度; k 为波数; a 为圆形活塞的半径。

6.3　表面振速分布不均匀的换能器的辐射阻抗

对于表面振速分布不均匀的换能器的辐射阻抗, 不能像前面那样定义为力与速度的比值, 这时可从功率的角度进行定义, 其辐射阻抗定义为

$$Z = \frac{1}{VV^*} \int_S p v_n^* \mathrm{d}S \tag{6.15}$$

式中, p 为换能器的表面声压分布; v_n 为表面法向振速分布; $*$ 代表取共轭; V 为参考速度, 可取平均法向速度或者最大法向速度。参考速度 V 的取值不同, 则计算出来的辐射阻抗也不一样, 所以用式 (6.15) 来计算换能器的辐射阻抗时必须指明参考速度。对于表面振速分布均匀的换能器的辐射阻抗, 参考速度 V 就取表面法向振速 v_n。

6.4　换能器基阵的互辐射阻抗

换能器的辐射阻抗取决于声压对其辐射面的作用。基阵中的每个辐射阵元处于整个阵的辐射声场中, 它面上的声压是所有阵元 (包括自身在内) 辐射声场的叠加。因此, 基阵中单个阵元的总辐射阻抗将包括它自身辐射声场的作用及其他阵元辐射声场的作用的总和。当其他阵元不振动, 单个换能器辐射时的辐射阻抗称为自

辐射阻抗。当几个阵元同时振动时，基阵中阵元辐射会发生相互作用，即产生互辐射阻抗。

设有 n 个换能器构成一个 n 元基阵，声源标号分别为 $1, 2, \cdots, n$，其上振速分别为 $u_1, u_2, \cdots, u_n$，代表各阵元上振速的幅值，可为实数也可为复数。在这种振速分布情况下，1 号源辐射面上受辐射场的总作用力为 F_1，显然有

$$F_1 = f_{11} + f_{12} + \cdots + f_{1n} = f_{11} + \sum_{s=2}^{n} f_{1s} \tag{6.16}$$

式中，f_{11} 表示 1 号源自身辐射场声压作用在自身辐射面上产生的力；f_{12} 表示 2 号源辐射场声压作用在 1 号源辐射面上产生的力；$\cdots$；f_{1n} 表示 n 号源辐射场声压作用在 1 号源辐射面上产生的力。

根据辐射阻抗的定义，1 号换能器的总辐射阻抗为

$$Z_1 = Z_{11} + \sum_{s=2}^{n} \frac{f_{1s}}{u_1} \tag{6.17}$$

式中，第一项是自辐射阻抗；求和项是由其他阵元互作用引起的辐射阻抗。对于 s 号源产生的声场，在均匀振幅分布情况下，辐射场的声压和辐射面的振速成正比，所以可以把 f_{1s} 写为

$$f_{1s} = Z_{1s} u_s \tag{6.18}$$

于是式 (6.17) 可写为

$$Z_1 = Z_{11} + \sum_{s=2}^{n} Z_{1s} \frac{u_s}{u_1} \tag{6.19}$$

式中，Z_{1s} 为有阻抗的量纲，它表示 s 源单位振速声场作用于 1 号源面上的力，称为 s 号源对 1 号源的互辐射阻抗，简称互阻抗。

在特殊情况下，$u_1 = u_2 = \cdots = u_n$，于是有

$$Z_1 = \sum_{s=1}^{n} Z_{1s} \tag{6.20}$$

对于第 $2, 3, \cdots, n$ 号换能器的辐射阻抗同样可按照上面的方法进行定义。

由声学互易原理可证得，无论基阵的形状怎样、有无障板、振速如何分布，基阵的两个阵元间的互辐射阻抗是相等的，即有

$$Z_{mn} = Z_{nm} \tag{6.21}$$

或者，当各阵元上的振速分布均匀时，有

$$\frac{f_{mn}}{u_n} = \frac{f_{nm}}{u_m} \tag{6.22}$$

式中，f_{mn} 表示表面振速为 u_n 的换能器 n，产生在换能器 m 表面上的力；f_{nm} 表示表面振速为 u_m 的换能器 m，产生在换能器 n 表面上的力。

Pritchard[111] 对无限大刚性障板平面上的两个圆形活塞的互辐射阻抗进行了计算。假设两个活塞的半径都为 a，间距为 d，当 $(ka)^2 \ll 1$ 且 $\dfrac{a}{d} \ll 1$ 时，两个活塞间的互辐射阻抗为

$$Z_{12} = Z_{21} \approx R_{11} \left[\frac{\sin(kd)}{kd} + \mathrm{j} \frac{\cos(kd)}{kd} \right] \tag{6.23}$$

式中，R_{11} 表示活塞的自辐射阻，可由式 (6.14) 计算得到。实际上，在 $(ka)^2 \ll 1$ 且 $\dfrac{a}{d} \ll 1$ 这个条件不是很满足时，式 (6.23) 也近似成立。

由于基阵中其他换能器的互作用，每个换能器的辐射阻抗产生很大变化，当阵元间距 d 远远小于波长 λ 时，该影响更大。当 $d > \lambda$ 时，互阻抗的作用较自阻抗的作用小很多，阵元的互作用可以略去。互辐射阻可正可负，它的总辐射阻随 d/λ 变化，在自辐射阻值的上下摆动。

在水声发射换能器基阵，特别是大型密集基阵中，这种阵元间的相互作用常会严重影响单个阵元甚至整个基阵的性能，有时有的阵元甚至会出现辐射阻为负值，从而 "吃" 功率的现象。在相控阵中，为了使波束在空间扫描，阵元之间的相位和幅度要按一定要求加权。而互作用引起的辐射阻抗的变化对不同位置上的阵元是不同的，会破坏振速的这种加权分布，其结果会影响到基阵的声辐射性能，导致远场方向性图畸变及影响基阵波束扫描。

6.5　换能器基阵辐射阻抗的边界元计算

水声换能器基阵中，换能器的辐射阻抗既包括换能器本身的自辐射阻抗，还包括其他换能器对该换能器的互辐射阻抗。换能器的自辐射阻抗及换能器间的互辐射阻抗都可以用边界元法计算求得。建立换能器基阵的边界元模型，当基阵障板的阻抗边界条件设定后，使第 i 个换能器振动，并令其振速为 1，其他换能器都不振动，即振速为 0，则该换能器的振动在其自身表面所产生的声压分布 $p_i(q)$ 可以通过边界元法计算得到，设该换能器的表面积为 S_i，则由式 (6.15) 可得该换能器的自辐射阻抗为

$$Z_{ii} = \iint\limits_{S_i} p_i(q) \mathrm{d} S_i(q) \tag{6.24}$$

另外，当使换能器基阵的第 j 个换能器振动，并令其振速为 1，其他换能器都不振动，即振速为 0 时，该换能器的振动在第 i 个换能器的表面产生的声压分布 $p_j(q)$ 也可以通过边界元法计算得到，则可得到第 j 个换能器对第 i 个换能器的互

辐射阻抗为

$$Z_{ij} = \iint\limits_{S_i} p_j(q)\mathrm{d}S_i(q) \tag{6.25}$$

从而由式 (6.17) 可得第 i 个换能器总的辐射阻抗为

$$Z_i = Z_{ii} + \sum_{\substack{j=1 \\ j \neq i}}^{n} \frac{u_j}{u_i} Z_{ij} \tag{6.26}$$

式中，n 表示基阵中换能器的个数；u_i 和 u_j 分别表示第 i 个和第 j 个换能器的振速。

6.6 边界元法计算典型声源的声辐射特性

6.6.1 均匀脉动球源声辐射的计算

假设均匀脉动球源半径 $a = 0.05\mathrm{m}$，以均匀径向速度进行脉动，假设振速幅值 $u_\mathrm{A} = 1\mathrm{m/s}$，传播介质的密度 $\rho_0 = 1000\mathrm{kg/m^3}$，声波在介质中的传播速度 $c_0 = 1500\mathrm{m/s}$。可以用边界元计算软件 SYSNOISE 来计算其辐射声场和辐射阻抗。在 ANSYS 软件中建立该球体的模型并进行边界元网格划分，导入 SYSNOISE 软件并设定边界条件后进行声辐射计算。图 6.4 和图 6.5 为在 SYSNOISE 软件中用表面亥姆霍兹方程计算出脉动球的表面声压，然后由式 (6.5) 对表面积积分计算出的辐射阻抗与由式 (6.5) 计算出的辐射阻抗解析解的比较。图 6.4 和图 6.5 中的点为用边界元法得到的数值计算值，实线为解析计算值。横坐标是波数半径 $ka(k = 2\pi f/c_0)$，纵坐标是脉动球的辐射阻或辐射抗。在脉动球的特征频率处，波数半径为 $ka = n\lambda(n = 1, 2, 3 \cdots)$。由此可以看出，在脉动球波数半径为 $ka = \pi$ 和 $ka = 2\pi$，即特征频率为 $f = 15\mathrm{kHz}$ 和 $f = 30\mathrm{kHz}$ 附近用表面亥姆霍兹方程计算声压数值解非唯一，从而计算出的辐射阻抗也不正确，与解析解相差较大。图 6.6 和图 6.7 分别为用改进的边界元法，即 CHIEF 方法计算出的脉动球辐射阻、辐射抗与解析解的比较。图 6.6 和图 6.7 中的点为用 CHIEF 方法的数值计算值，实线为解析计算值。在球体内部选取了 3 个 CHIEF 点，分别为 $(0,0,0)$、$(0.01,0.01,0.01)$ 和 $(-0.01,-0.01,-0.01)$，球心在 $(0,0,0)$ 处。很明显，解的非唯一现象已经被消除，数值解与解析解吻合得很好。图 6.8 为用 CHIEF 方法计算出的脉动球振动频率 $f = 15\mathrm{kHz}$ 时轴向的辐射声压与解析解的比较。图 6.8 中的点为用 CHIEF 方法得到的数值计算值，实线为解析计算值，可见数值解与解析解吻合得很好。图 6.9 为用 CHIEF 方法计算出的脉动球振动频率 $f = 15\mathrm{kHz}$ 时在 $z = 0$ 平面的辐射声场分布。

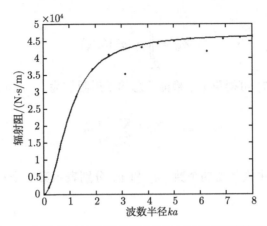

图 6.4   用边界元法计算出的脉动球辐射阻与解析解比较

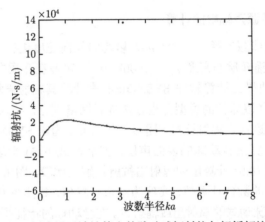

图 6.5   用边界元法计算出的脉动球辐射抗与解析解比较

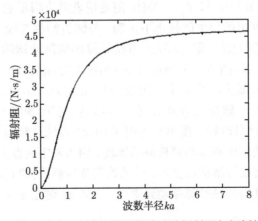

图 6.6   用 CHIEF 方法计算出的脉动球辐射阻与解析解比较

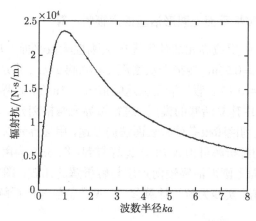

图 6.7 用 CHIEF 方法计算出的脉动球辐射抗与解析解比较

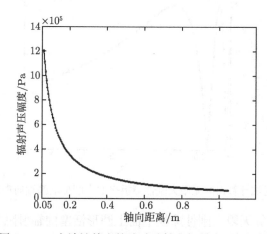

图 6.8 用 CHIEF 方法计算出的脉动球轴向辐射声压与解析解的比较

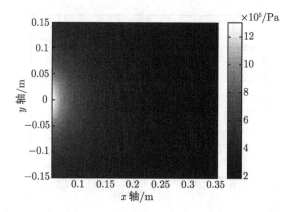

图 6.9 用 CHIEF 方法计算出的脉动球辐射声场分布

6.6.2　无限大刚性障板平面上圆形活塞的声辐射计算

在 SYSNOISE 中用边界元法计算无限大刚性障板平面上单个圆形活塞的轴向声压。活塞半径 a=0.25m，传播介质密度 ρ=1000kg/m³，声速 c=1500m/s，频率 f=15kHz，波长 $\lambda = 0.1$m，假设活塞振速幅值 u_A=1m/s，临界距离 $z_g = a^2/\lambda = 0.625$m。在 ANSYS 中建立活塞的模型，进行边界元网格划分，导入 SYSNOISE 软件中，并设定无限大刚性障板条件和表面法向振速，用边界元法计算其轴向辐射声压。活塞轴向声压的解析解可由式 (6.9) 计算得到。图 6.10 为用边界元法计算出的无限大刚性障板平面上圆形活塞轴向声压与解析解的比较，图中的点为用边界元法得到的数值计算值，实线为解析计算值，可见数值解与解析解吻合得很好。

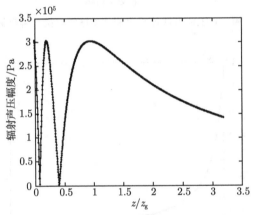

图 6.10　用边界元法计算出的无限大刚性障板平面上圆形活塞轴向声压与解析解比较

用边界元法计算无限大刚性障板平面上圆形活塞的辐射阻抗。活塞半径 a=0.02m，传播介质密度 ρ=1000kg/m³，声速 c=1500m/s。图 6.11 和图 6.12 分别为用边

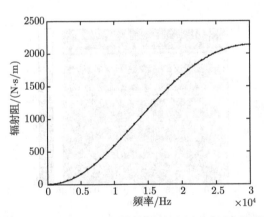

图 6.11　用边界元法计算出的无限大刚性障板平面上圆形活塞辐射阻与解析解比较

界元法计算出的无限大刚性障板平面上圆形活塞辐射阻、辐射抗与解析解的比较，横坐标为辐射声波频率。图 6.11 和图 6.12 中的点为用边界元法计算的数值解，实线为由式 (6.14) 计算的解析解，可见数值解与解析解吻合得很好，这表明用边界元法对活塞的声辐射进行计算是准确的。

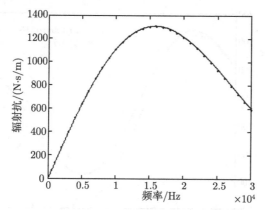

图 6.12 用边界元法计算出的无限大刚性障板平面上圆形活塞辐射抗与解析解比较

6.6.3 无限大刚性障板平面上两个圆形活塞的互辐射计算

用边界元法计算无限大刚性障板平面上两个圆形活塞的互辐射阻抗。两个活塞的半径都为 $a=0.02$m，两个活塞中心之间的间距 $d=0.041$m，传播介质密度 $\rho=1000$kg/m^3，声速 $c=1500$m/s。它们的互辐射阻抗可由式 (6.23) 近似计算得到，也可用边界元法计算得到互辐射阻抗比较精确的结果。对这两个活塞进行边界元建模，并设定边界条件。图 6.13 和图 6.14 中的实线分别为用边界元法计算出的无限大刚性障板平面上两圆形活塞互辐射阻与互辐射抗，虚线分别为由 Pritchard 模

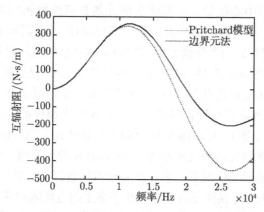

图 6.13 无限大刚性障板平面上两圆形活塞的互辐射阻

型即式 (6.23) 近似计算得到的互辐射阻与互辐射抗，横坐标表示辐射声波的频率。由此可见，用边界元法的计算结果与用 Pritchard 模型的计算结果比较一致。它们之间的差别是由于 Pritchard 模型是一个近似公式，计算过程中进行了简化，而边界元法是直接计算出表面声压后对表面积积分，所以计算结果比较准确。

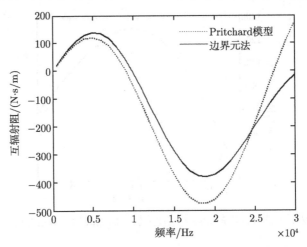

图 6.14　无限大刚性障板平面上两圆形活塞的互辐射抗

6.7　边界元法计算平面换能器阵的声辐射特性

6.7.1　无限大刚性障板上平面阵的声辐射计算

用边界元法计算无限大刚性障板上平面阵的辐射阻抗和辐射声场。此平面阵由 37 个完全相同的圆形活塞构成，每个活塞的半径 $a=0.015\mathrm{m}$，阵元间距 $d=0.04\mathrm{m}$，密度 $\rho=1000\mathrm{kg/m^3}$，声速 $c=1500\mathrm{m/s}$，频率 $f=15\mathrm{kHz}$，假设活塞振速幅度 $u_\mathrm{A}=1\mathrm{m/s}$。图 6.15 为各阵元的中心位置。对基阵各阵元的振速施加相同的幅度和不同的相位补偿，在 $y=0$ 平面内对该平面阵沿 x 轴方向进行常规波束扫描，扫描角由 $0° \sim 90°$。图 6.16 和图 6.17 分别为不同扫描角时整个阵的辐射阻和辐射抗，实线为边界元模型下 SYSNOISE 的计算值，虚线为 Pritchard 模型的计算值，可见二者还是比较接近的，其差异是由于 Pritchard 模型是一个近似模型。图 6.18 为用边界元法计算的此换能器阵在不同扫描角时 $y=0$ 平面上离中心 2m 半圆周上的声压（正前方为 $0°$ 方向）。图 6.19 和图 6.20 分别为扫描角为 $0°$ 和 $30°$ 时换能器阵的辐射远场方向性图，实线为边界元模型下 SYSNOISE 的计算值，虚线为理想平面波模型的计算值，可见远场情况下二者还是吻合得比较好的。图 6.21 和图 6.22 分别为扫描角为 $0°$ 和 $30°$ 时换能器阵在 $y=0$ 平面上的近场辐射声压分布，可见辐射声压在近场有一些起伏变化，在远场以波束的形式辐射，并且逐渐衰减。

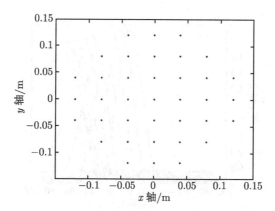

图 6.15 阵元中心位置

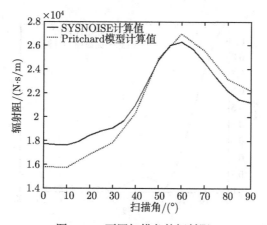

图 6.16 不同扫描角的辐射阻

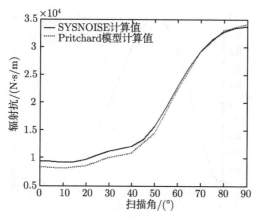

图 6.17 不同扫描角的辐射抗

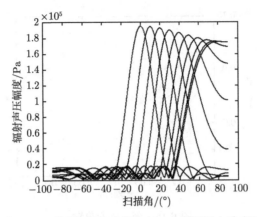

图 6.18　不同扫描角时离中心 2m 半圆周上的声压

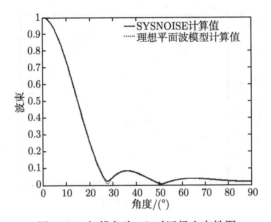

图 6.19　扫描角为 0° 时远场方向性图

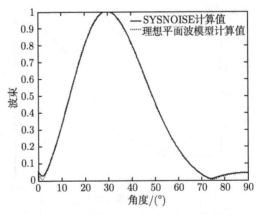

图 6.20　扫描角为 30° 时远场方向性图

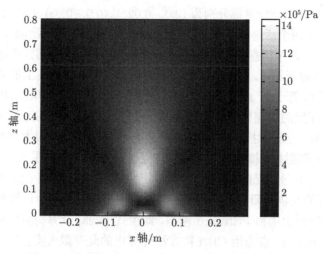

图 6.21 扫描角为 $0°$ 时 $y = 0$ 平面上近场声压分布

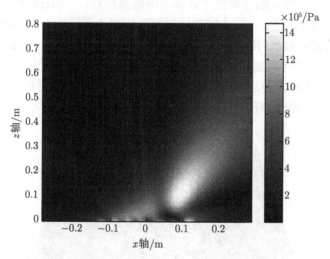

图 6.22 扫描角为 $30°$ 时 $y = 0$ 平面上近场声压分布

6.7.2 有限大刚性障板上平面阵的声辐射计算

用边界元法计算有限大刚性障板上四元平面阵的辐射阻抗和辐射声场。此阵的三维模型和边界元网格如图 6.23 所示。障板尺寸为 $0.1m×0.1m×0.075m$，假设障板为刚性障板，其上振速为 0，四个活塞式换能器完全相同，两两相切，每个圆形活塞的半径 $a=0.025m$，传播介质密度 $\rho=1000kg/m^3$，声速 $c=1500m/s$，假设活塞振速幅度 $u_A=1m/s$。建立换能器及其障板的边界元模型，在 SYSNOISE 中用 CHIEF 方法计算此阵的辐射阻抗和辐射声场。假设原点在立方体的上表面的中心，在立方体的里面选取四个 CHIEF 点, 坐标分别为 $(0,0,-0.025)$、$(0,0,-0.05)$、$(-0.025,0,-0.025)$、$(0,0.025,-0.05)$。四个活塞阵元按从前到后、从左到右的顺序依次编号为 1、2、3、4。则根据对称性有: 四个活塞的自辐射阻抗都相等; 四条边上相邻两个活塞的互辐射阻抗也相等, 都等于第 1, 2 号阵元的互辐射阻抗; 两条对角线上的两个活塞的互辐射阻抗也相等, 等于第 1, 4 号阵元的互辐射阻抗。图 6.24 和图 6.25 分别为该四元平面阵一个阵元的自辐射阻和自辐射抗, 实线为假设活塞在无限大刚性障板平面上的自辐射阻、自辐射抗, 点为用 CHIEF 方法计算的此有限大刚性障板上活塞的自辐射阻、自辐射抗, 横坐标代表波数与活塞半径的乘积。图 6.26 和图 6.27 分别为此基阵第 1, 2 号阵元的互辐射阻和互辐射抗, 图 6.28 和图 6.29 分别为此基阵第 1, 4 号阵元的互辐射阻和互辐射抗。这四幅图中的实线都为假设此四元平面阵在无限大刚性障板上用由 Pritchard 模型, 即由式 (6.23) 计算得到的两活塞之间的互辐射阻或互辐射抗, 点为用 CHIEF 方法计算出的此有限大刚性障板上两活塞之间的互辐射阻或互辐射抗。从这些图中可以看出, 此平面阵在有限大刚性障板上计算出的结果与在无限大刚性障板上计算出的结果相近, 表明在刚性障板的尺寸相对于波长不小的情况下, 有限大刚性障板可以近似为无限大刚性障板。图 6.30 为四个换能器的振动频率同时为 $f=15\text{kHz}$ 时轴向平面, 即 $y=0$ 平面上的辐射声场分布。图 6.31 为四个换能器的振动频率同时为 $f=15\text{kHz}$ 时此四元平面阵在轴向平面, 即 $y=0$ 平面上的远场指向性图, 由图可见, 基阵的辐射声压主要集中在刚性障板的正前方, 旁侧声压逐渐减小, 刚性障板背后也有少量绕射过去的声压。

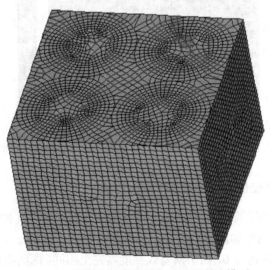

图 6.23　有限大刚性障板上四元平面阵模型

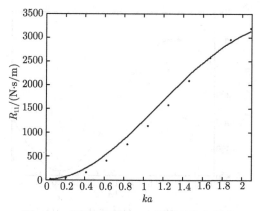

图 6.24 四元平面阵一个阵元的自辐射阻

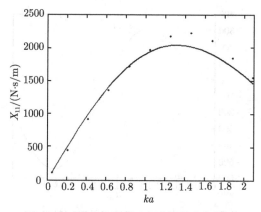

图 6.25 四元平面阵一个阵元的自辐射抗

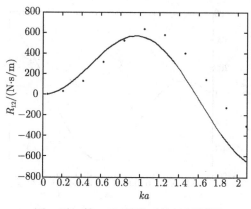

图 6.26 第 1，2 号阵元的互辐射阻

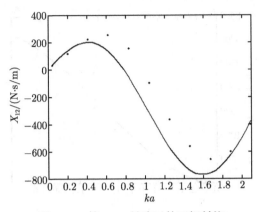

图 6.27　第 1，2 号阵元的互辐射抗

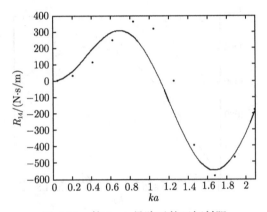

图 6.28　第 1，4 号阵元的互辐射阻

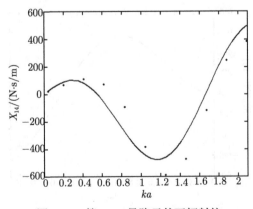

图 6.29　第 1，4 号阵元的互辐射抗

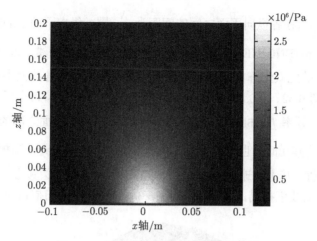

图 6.30   四元平面阵轴向平面辐射声场

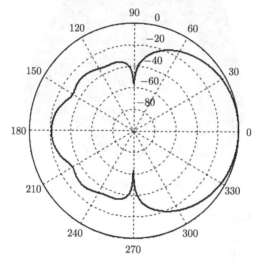

图 6.31   有限大刚性障板上四元平面阵远场指向性图

6.8   边界元法计算换能器共形阵的声辐射特性

6.8.1   阵形任意的换能器基阵的声辐射计算

用边界元法计算水下自主航行器 (autonomous underwater vehicle, AUV) 头部圆弧形带状共形阵的辐射阻抗和辐射声场。此圆弧形带状共形阵的三维模型建立比较复杂。AUV 头部由一条曲线绕 z 轴旋转而成,曲线方程为 $x = f(z)$,$f(z)$ 为一个复杂指数函数,而且阵元布置的位置是在旋转曲面沿法线方向向内缩几厘米的曲面上, 阵元所在各纵向平面之间的间距为 $\frac{\lambda}{2}$, 同一纵向平面上的阵元间距也为 $\frac{\lambda}{2}$。本书采用 Pro/ENGINEER 软件和 ANSYS 软件相结合来建立该共形阵的模型。图 6.32 为建立的此共形阵的模型和边界元网格。图 6.33 为各阵元中心位置在底面的投影。正如图 6.32、图 6.33 所示, 此阵为一个 58 元共形阵, 每个活塞式换能器的半径 $a=0.01\text{m}$, 频率 $f=15\text{kHz}$, 声波波长 $\lambda=0.1\text{m}$, 各纵向平面之间的间距为 $\frac{\lambda}{2}$, 同一纵向平面上的阵元间距也为 $\frac{\lambda}{2}$, 假设活塞振速幅度 $u_A=1\text{m/s}$。障板为有限大, 且假设障板为刚性, 其上振速为 0。将此共形阵沿阵元分布的圆弧带状方向, 即沿 y 轴方向进行常规波束扫描。图 6.34 和图 6.35 分别为不同扫描角时整个阵的辐射

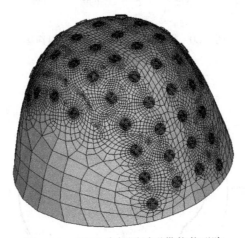

图 6.32　AUV 头部圆弧形带状共形阵

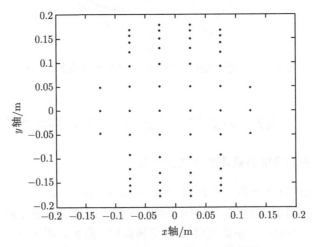

图 6.33　各阵元中心位置在底面的投影

阻和辐射抗, 波束扫描方向在 $0° \sim 90°$, 每隔 $10°$ 取一个值。图 6.36 为不同扫描角时, $x = 0$ 平面上离中心 2m 圆周上的声压 (正前方为 $0°$ 方向)。图 6.37~图 6.39 分别为扫描角为 $0°$、$30°$ 和 $60°$ 时, 换能器阵的辐射声场在离中心 2m 圆周上的方向性图, 实线为 SYSNOISE 计算值, 虚线为理想平面波模型计算值, 可见二者还是有较大差别的, 除 $0°$ 方向外, 波束方向偏离预定方向, 而且旁瓣级比较高, 说明在共形阵情况下, 阵元间及阵元与障板间的影响很大。图 6.40 和图 6.41 分别为扫描角为 $0°$ 和 $30°$ 时, 此阵在 $x = 0$ 辐射平面上的近场声压分布。

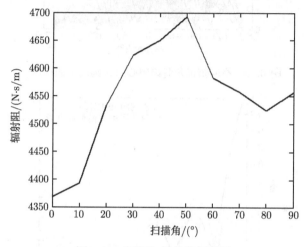

图 6.34　不同扫描角的辐射阻

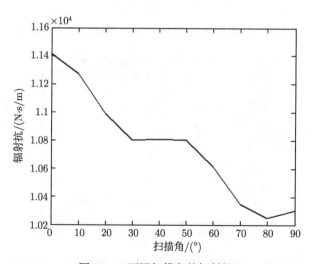

图 6.35　不同扫描角的辐射抗

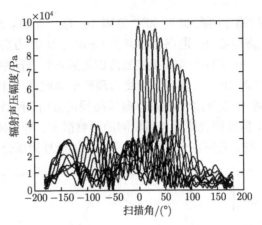

图 6.36　不同扫描角时离中心 2m 圆周上的声压

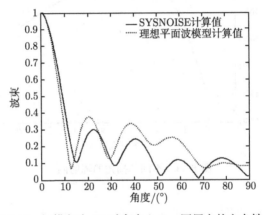

图 6.37　扫描角为 0° 时离中心 2m 圆周上的方向性图

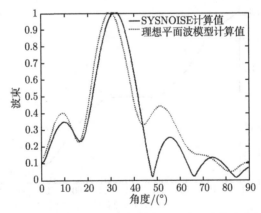

图 6.38　扫描角为 30° 时离中心 2m 圆周上的方向性图

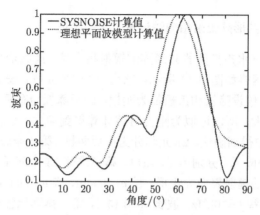

图 6.39 扫描角为 60° 时离中心 2m 圆周上的方向性图

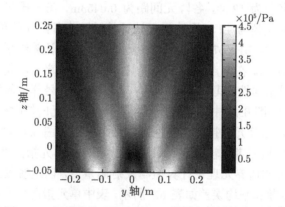

图 6.40 扫描角为 0° 时 $x = 0$ 平面上的近场声压分布

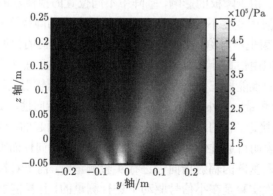

图 6.41 扫描角为 30° 时 $x = 0$ 平面上的近场声压分布

6.8.2　水声换能器共形阵辐射指向性计算及实验验证

用边界元法计算水声换能器共形阵的辐射指向性。此共形阵的结构如图 6.42 所示，边界元模型网格如图 6.43 所示。它为一个 27 元阵，安装在一个半球形障板上，下面是盖板。假设障板和盖板都为刚性，由于障板为有机玻璃，盖板为铝合金，特性阻抗比较大，所以近似为刚性可使计算得到简化。这种简化假设的合理性，可从实验结果中得到确认。27 元阵分为前后两排，第一排居中，两排都左右对称，第一排有 14 个阵元，分别为 a1~a14，第二排有 13 个阵元，分别为 b1~b13。每个活塞式换能器的辐射表面为矩形，长 $a=0.04$m，宽 $b=0.04$m，半球形障板半径 $r=0.216$m，声波频率 $f=10$kHz，波长 $\lambda=0.15$m。第一排阵元各阵元中心与半球心的连线之间的夹角为 12°，各阵元间距为 0.0452m，第二排阵元各阵元中心与半球心的连线之间的夹角为 12.3°，各阵元间距为 0.0453m，第一排与第二排阵元过半球心的平面之间的夹角为 12°。用边界元法计算基阵中各阵元的单元辐射指向性，其中，第 a1、a4、a7、b1、b7 号阵元的单元辐射指向性计算结果分别如图 6.44~图 6.48 中的虚线所示。在消声水池中使用基阵电缆接水声自动化测量系统，来测量每个阵元的发射指向性，其中，第 a1、a4、a7、b1、b7 号阵元的发射指向性测量结果分别如图 6.44~图 6.48 中的实线所示。测量每个阵元的接收指向性，其中，第 a1、a4、a7、b1、b7 号阵元的接收指向性测量结果分别如图 6.44~图 6.48 中的划线所示。从此图可见，这三者比较接近。其中，各换能器的单元指向性，在换能器正前方左右 45° 范围内的边界元理论计算值与发射测量值，以及接收测量值与发射测量值之间的最大误差和平均误差如表 6.1 所示，表中单元指向性为各阵元归一化的辐射声压幅度。由此可以看出，用边界元法对换能器基阵各阵元的单元指向性进行仿真计算是可行的。由于障板的影响，基阵中不同位置的换能器的辐射指向性不一样，表现为它们的波束宽度不一样，且由于换能器左右的障板不对称，所以换能器的辐射指向性的波束也不对称。由于障板为有限大，换能器的辐射声波会有一部分绕射到障板后方，但由仿真计算可知换能器的声辐射还是正前方最强，对于水池实验测量，我们更关心换能器正前方左右一定范围内的声压辐射情况，并没有对障板后方的声辐射进行测量。另外，对于换能器阵元的单元指向性，发射时的指向性与接收时的指向性很接近，它们之间的差别是由实验误差引起的，这与声学互易原理也是一致的。从而表明可通过仿真出换能器的单元发射指向性而得到换能器的接收指向性。在对换能器基阵的辐射指向性进行实验测量时，需要对换能器的振速进行加权控制，由于本次实验是在小信号驱动下进行测量的，且换能器间的互辐射阻抗相对于换能器的自辐射阻抗及机械阻抗之和较小，所以可以认为换能器的振速与其所加的驱动电压近似呈线性关系，也就是说实验中可近似用换能器的驱动电压加权代替振速加权。用边界元法计算基阵第一排 14 个阵元的自然波束指向性，即让每个换能器都等幅同相的振动, 计算结果如图 6.49 中的虚线所示, 图 6.49 中的实线为实验测量所得的基阵第一排阵列的自然波束指向性, 可见, 二者比较接近, 基阵的辐射指向性在基阵正前方左右 75° 范围内, 边界元理论计算值与发射测量值之间的最大误差为 2.29dB, 平均误差为 0.99dB, 表明用边界元法仿真计算换能器基阵的辐射指向性是有效的。对基阵两排 27 个阵元的振速进行适当的加权, 使基阵沿阵元分布的圆弧带状方向进行常规波束形成, 扫描角为 0°、85° 时共形阵的发射波束指向性分别如图 6.50、图 6.51 所示, 纵坐标代表基阵远场辐射声压的波束幅度, 进行了归一化, 图中虚线代表边界元法的理论计算值, 实线代表基阵的发射实验测量值。由此图可见, 用边界元法计算的换能器共形阵波束形成时的辐射指向性, 与

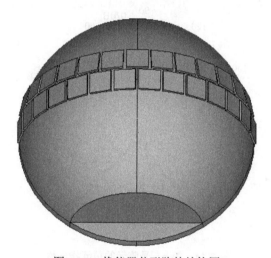

图 6.42　换能器共形阵的结构图

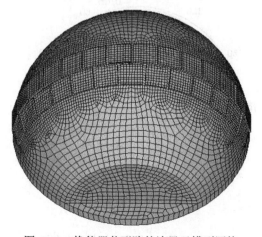

图 6.43　换能器共形阵的边界元模型网格

实验测量得到的辐射指向性基本上是一致的。其中，扫描角为 0° 时，基阵辐射指向性在基阵正前方左右 10° 范围内，边界元法理论计算值与发射测量值之间的最大误差为 1.43dB，平均误差为 0.37dB。扫描角为 85° 时，基阵辐射指向性主瓣的最大值方向出现在 80° 左右，而不是在 85°，理论仿真计算与实验测量的结果是一致的，这是带障板的换能器声波衍射、绕射等共同作用的结果，采用先进的束控方法，可对这一偏差进行校正。基阵辐射指向性在 80° 方向左右 10° 范围内，边界元法理论计算值与实验测量值之间的最大误差为 1.29dB，平均误差为 0.31dB，再一次验证了用边界元法计算此共形阵的辐射指向性是正确可行的。这是进一步进行换能器基阵辐射声场的计算与分析，以及进行基阵发射波束控制的基础。

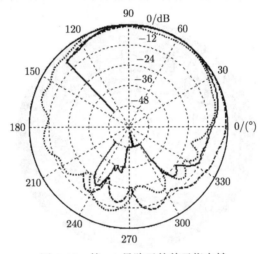

图 6.44　第 a1 号阵元的单元指向性

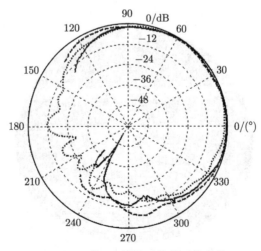

图 6.45　第 a4 号阵元的单元指向性

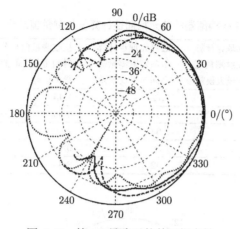

图 6.46　第 a7 号阵元的单元指向性

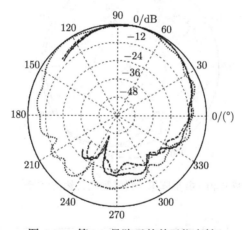

图 6.47　第 b1 号阵元的单元指向性

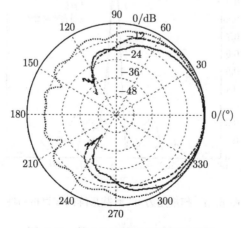

图 6.48　第 b7 号阵元的单元指向性

表 6.1　共形阵中各换能器的单元指向性计算值与测量值对比　　　　　　　(单位: dB)

阵元号	边界元理论计算值与发射测量值之间的最大误差	边界元理论计算值与发射测量值之间的平均误差	接收测量值与发射测量值之间的最大误差	接收测量值与发射测量值之间的平均误差
第 a1 号阵元	3.85	1.72	1.45	0.46
第 a4 号阵元	1.51	0.69	0.86	0.41
第 a7 号阵元	3.73	1.63	2.82	1.03
第 b1 号阵元	3.61	1.56	0.99	0.25
第 b7 号阵元	4.40	1.42	3.44	1.59

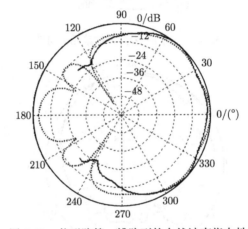

图 6.49　共形阵第一排阵列的自然波束指向性

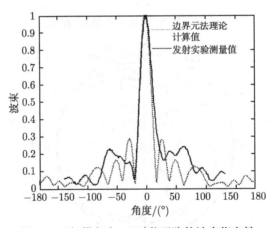

图 6.50　扫描角为 0° 时共形阵的波束指向性

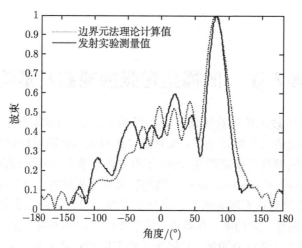

图 6.51 扫描角为 85° 时共形阵的波束指向性

6.9 本章小结

　　本章介绍了水声换能器及基阵声辐射计算的基础知识,包括均匀脉动球源和无限大刚性障板平面上圆形活塞声辐射的解析计算,给出了表面振速分布不均匀的换能器的辐射阻抗定义,基阵中换能器的自辐射阻抗和互辐射阻抗的定义及 Pritchard 模型和边界元方法。用边界元法计算了典型声源,包括均匀脉动球源和无限大刚性障板平面上圆形活塞的辐射声场和辐射阻抗并与解析解进行了比较,二者十分吻合,表明了用边界元法计算结果的准确性。用边界元法计算了平面阵的辐射声场与辐射阻抗,包括无限大刚性障板上 37 元平面阵及有限大刚性障板上 4 元平面阵的声辐射,分析了平面阵声辐射的特性。用边界元法计算了水声换能器共形阵各阵元的单元指向性及基阵的波束指向性,并在消声水池中进行了实验测量。实验结果与理论计算值十分吻合,表明用边界元法对换能器基阵的辐射指向性进行理论仿真和预报是正确可行的。

第7章 凹桶型弯张换能器及基阵

现代主动声呐技术正向着低频、大功率方向发展。凹桶型弯张换能器体积小、重量轻,外形结构适合于组排基阵,而且可以达到相当低的谐振频率,受到广泛的关注 [78-82]。凹桶型弯张换能器在 1986 年首先由加拿大大西洋国防研究与发展中心研究提出。Jones 和 Christopher[78] 利用有限元分析软件 MAVART 建立了凹桶型弯张换能器的轴对称有限元模型,进行了计算与分析。此种换能器具有的特点是:低频、无指向性、大功率、高效率、比较小的体积和重量,由于凹型结构在水中随着深度的增加,预应力增加,其极限工作深度相对要大些。本章主要研究凹桶型弯张换能器及基阵。

7.1 空气中凹桶型弯张换能器三维有限元建模与计算

7.1.1 凹桶型弯张换能器有限元模型建立

凹桶型弯张换能器的工作原理为,压电陶瓷堆激励器通过轴向压缩的应力螺杆紧固在上下两个端质量块上,外围一圈凹桶型长侧板的两端也固定在端质量块上。当压电陶瓷堆激励器带动端质量块产生轴向位移时,凹板由于沿其长度方向的位移而产生径向位移,从而使伸长振动转换成凹板的弯曲振动。凹桶型壳体实际上由若干片弯曲板等间距拼装而成,也可以加工成一个整体的凹桶柱形壳体,等间距沿轴向切割开缝来实现。之所以必须开缝是为了减小壳体径向的刚性,使其容易受激产生弯曲振动。凹桶型弯张换能器在结构上是上下对称的,并且是轴对称的,其三维实体图如图 7.1 所示。把轴对称凹桶型弯张换能器的振动壳体等间距开 8 条缝,可以建立凹桶型弯张换能器上半部分的两条缝之间 45° 扇面范围内的有限元模型,如图 7.2 所示,该模型进行了有限元网格划分。由于硬铝材料的声学性能好且密度低,所以凹桶型弯张换能器的凹板振动壳体使用硬铝材料,板厚 6mm,最凹部分的直径为 65mm。驱动材料为压电陶瓷 PZT-4,直径为 30mm,高度为 125mm。上下两个端质量块用强度大、刚性大和密度较大的材料钢,直径为 90mm,高度为 40mm。在用 ANSYS 软件进行建模时,金属材料需提供密度、杨氏模量和泊松比。压电陶瓷材料需要给出密度、介电常数、压电常数和弹性常数,分别按第 2 章中介绍的方法进行设定。振动壳体和端质量块单元用 SOLID45,压电单元用耦合场单元 SOLID5。

图 7.1　凹桶型弯张换能器三维实体图

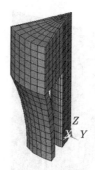

图 7.2　凹桶型弯张换能器的有限元模型

7.1.2　空气中凹桶型弯张换能器的模态分析

　　通过对凹桶型弯张换能器的有限元模型进行模态分析，可以得到凹桶型弯张换能器振动的各阶谐振频率和模态振动形状，从而可得到凹桶型弯张换能器的最佳工作频率，并为下一步的谐波分析提供参考。在 ANSYS 软件中建立了凹桶型弯张换能器上半部分 45° 扇面范围内的有限元模型后，设定材料属性和单元类型，对模型施加对称边界条件，然后就可以利用 ANSYS 软件中的模态分析功能进行求解，计算出此凹桶型弯张换能器在空气中前四阶振动模态的谐振频率及其对应的振动形状。图 7.3 为凹桶型弯张换能器在空气中的一阶振动模态，谐振频率为 2470Hz，实线表示凹桶型弯张换能器振动产生形变时的位置，虚线表示凹桶型弯张换能器未发生形变时边沿的位置。图 7.4 为凹桶型弯张换能器在空气中的二阶振动模态，谐振频率为 5862Hz。图 7.5 为凹桶型弯张换能器在空气中的三阶振动模态，谐振频率为 10138Hz。图 7.6 为凹桶型弯张换能器在空气中的四阶振动模态，谐振频率为 23524Hz。其中，一阶振动模态为凹桶型弯张换能器的主要工作模态。

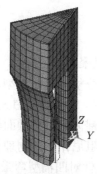

图 7.3　凹桶型弯张换能器在空气中的一阶
振动模态

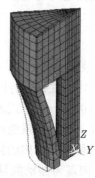

图 7.4　凹桶型弯张换能器在空气中的二阶
振动模态

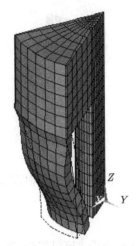 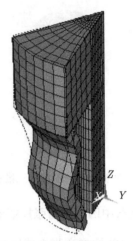

图 7.5　凹桶型弯张换能器在空气中的三阶　　图 7.6　凹桶型弯张换能器在空气中的四阶
　　　　　　　振动模态　　　　　　　　　　　　　　　　振动模态

7.1.3　空气中凹桶型弯张换能器的导纳计算

在 ANSYS 软件中对凹桶型弯张换能器进行谐波分析。在凹桶型弯张换能器
压电陶瓷上对凹桶型弯张换能器施加 1V 的电压，由于所用的模型是上下对称的，
所以计算时只需要施加 0.5V 的电压。凹桶型弯张换能器的导纳为电流与电压之
比，即

$$Y = \frac{I}{V} = G + jB \tag{7.1}$$

式中，Y 表示凹桶型弯张换能器的导纳；V 表示在凹桶型弯张换能器压电陶瓷上
所施加的电压；I 表示所产生的电流；G 为电导；B 为电纳。

电流通过压电陶瓷电极上所集聚的电荷计算得到，为

$$I = j2\pi f Q \tag{7.2}$$

式中，f 为谐波分析的频率；Q 为压电陶瓷电极上所集聚的总电荷。

在用 ANSYS 软件进行凹桶型弯张换能器的谐波分析计算凹桶型弯张换能器
的导纳时必须指定一定形式的阻尼，否则在谐振频率时，响应为无穷大。当凹桶型
弯张换能器在工作时，系统内的阻尼主要包括流体黏滞阻尼、接触面间的库仑阻
尼、辐射阻尼和系统结构的固体内阻尼等。虽然这些阻尼作用的物理机制互不相
同，但最终都表现为振动能量的消耗。在用 ANSYS 软件对凹桶型弯张换能器进行
分析计算时通常只考虑常数阻尼的作用，通过输入适当的常数阻尼系数来替代所
有阻尼对凹桶型弯张换能器的影响。所以，选取的常数阻尼系数直接影响分析的结

果，通常根据凹桶型弯张换能器的实际情况来进行调整。另外，常数阻尼系数的选取对凹桶型弯张换能器的谐振频率影响较小。

在 ANSYS 软件中通过对空气中凹桶型弯张换能器的谐波分析计算凹桶型弯张换能器的导纳，常数阻尼系数选为 0.1，凹桶型弯张换能器的压电陶瓷按一整片进行计算，计算出来的凹桶型弯张换能器的导纳曲线如图 7.7 所示。由导纳曲线可知，此凹桶型弯张换能器的第一阶弯曲振动的谐振频率在 2470Hz 附近，与前面的模态分析结果一致。计算得到的空气中凹桶型弯张换能器的导纳曲线第一个谐振峰频率为 2470Hz，第二个谐振峰频率为 5880Hz。本书用阻抗分析仪对凹桶型弯张换能器在空气中的导纳进行了测量，测得导纳曲线的第一个谐振峰频率为 2480Hz，第二个谐振峰频率为 5570Hz。由此可见，用有限元模型对凹桶型弯张换能器谐振频率的计算值与实验测量值十分一致。

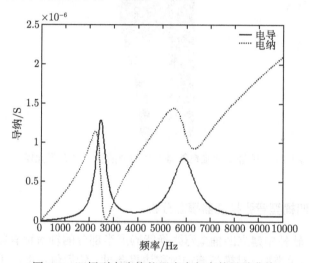

图 7.7　凹桶型弯张换能器在空气中的导纳曲线

7.2　空气中凹桶型弯张换能器二维轴对称有限元建模计算

7.2.1　轴对称有限元模型建立

前面在 ANSYS 软件中使用三维模型对凹桶型弯张换能器进行有限元建模与计算时，模型比较复杂，运算量很大。由于凹桶型弯张换能器是轴对称的，可以把凹桶型弯张换能器的三维模型转换为二维模型进行求解，这样就可以使计算得到很大的简化。由于凹桶型弯张换能器在结构上是上下对称的，并且是轴对称的，所以建立凹桶型弯张换能器上半部分的轴对称有限元模型，如图 7.8 所示。凹桶型弯张换能器二维模型的尺寸和材料与前面三维模型的一样。凹桶型弯张换能器的凹板材料为硬铝，板厚为 6mm，最凹部分的直径为 65mm。上下两个端质量块材料为钢，直径为 90mm，高度为 40mm。驱动材料为压电陶瓷堆 PZT-4，直径为 30mm，高度为 125mm。分两种情况对压电陶瓷堆进行建模：一种是与前面介绍的三维模型一样，把压电陶瓷堆当作一整片进行计算；另一种是按照实际情况把压电陶瓷堆分成若干片，每片压电陶瓷的厚度为 4mm。在用 ANSYS 软件进行建模时，金属材料需提供密度、杨氏模量和泊松比。压电陶瓷需要给出密度、介电常数、压电常数和弹性常数，压电陶瓷的二维材料参数按照第 2 章中介绍的方法进行设定。铝板的切向弹性常数除以 1000 来模拟凹桶型弯张换能器凹桶型壳体的开缝结构。壳体单元用结构单元 PLANE42，压电单元用耦合场单元 PLANE13。

图 7.8　凹桶型弯张换能器上半部分的轴对称有限元模型

7.2.2　空气中凹桶型弯张换能器模态分析

在 ANSYS 软件中建立凹桶型弯张换能器上半部分的轴对称有限元模型后，设定材料属性和单元类型，对模型施加对称边界条件，然后就可以利用 ANSYS 软件中的模态分析功能进行求解。压电陶瓷堆按每片 4mm 厚分成多片进行建模，计算出此凹桶型弯张换能器在空气中前四阶振动模态的谐振频率及其对应的振动形状。图 7.9 为凹桶型弯张换能器在空气中的一阶振动模态，谐振频率为 2486Hz，实线表示凹桶型弯张换能器振动产生形变时的位置，虚线表示凹桶型弯张换能器未发生形变时边沿的位置。图 7.10 为凹桶型弯张换能器在空气中的二阶振动模态，谐振频率为 5936Hz。图 7.11 为凹桶型弯张换能器在空气中的三阶振动模态，谐振频率为 9308Hz。图 7.12 为凹桶型弯张换能器在空气中的四阶振动模态，谐振频率为 21220Hz。其中，一阶振动模态为凹桶型弯张换能器的主要工作模态。本书把压电陶瓷堆按照一整片进行建模，也对凹桶型弯张换能器在空气中的振动模态进行分析。计算得到的此凹桶型弯张换能器在空气中的前四阶振动模态的振动形状与前面按多片计算得到的基本一样，谐振频率分别为 2473Hz、5932Hz、9307Hz 和 21250Hz。

由此可见,压电陶瓷堆按照一片建模和多片建模对凹桶型弯张换能器的模态分析影响不大,各阶模态的谐振频率及振动形状没有多大的差别。另外,用二维轴对称有限元模型与前面用三维实体有限元模型对凹桶型弯张换能器进行模态分析得到的结果也很一致,表明所建立的二维模型与三维模型对凹桶型弯张换能器的分析是统一的,二维模型能够得到与三维模型一致的结果。

图 7.9 凹桶型弯张换能器在空气中的一阶振动模态

图 7.10 凹桶型弯张换能器在空气中的二阶振动模态

图 7.11 凹桶型弯张换能器在空气中的三阶振动模态

图 7.12 凹桶型弯张换能器在空气中的四阶振动模态

7.2.3 空气中凹桶型弯张换能器导纳计算

利用所建立的凹桶型弯张换能器的轴对称有限元模型,在 ANSYS 软件中通过对空气中凹桶型弯张换能器的谐波分析计算凹桶型弯张换能器的导纳,常数阻尼系数选为 0.1,凹桶型弯张换能器的压电陶瓷堆按一整片进行建模。图 7.13 为用二维轴对称模型计算出的凹桶型弯张换能器的导纳与用三维实体模型计算值的比较。图 7.13 中实线表示用二维轴对称模型计算出的凹桶型弯张换能器的导纳曲线，图 7.13 中虚线为用 7.2 节中的三维实体模型计算出的凹桶型弯张换能器的导纳曲线。由图 7.13 可见，二者十分一致，表明所建立的凹桶型弯张换能器的二维轴对称模型与三维实体模型对凹桶型弯张换能器的分析结果是统一的，但是使用二维轴对称模型较之三维实体模型能使计算得到很大的简化。将压电陶瓷堆按每片 4mm 厚分成多片进行建模，计算出此时凹桶型弯张换能器在空气中的一阶谐振频率附近的导纳曲线如图 7.14 中实线所示，图 7.14 中虚线为用阻抗分析仪对凹桶型弯张换能器在空气中导纳的测量结果。从图 7.14 可知，由有限元模型计算

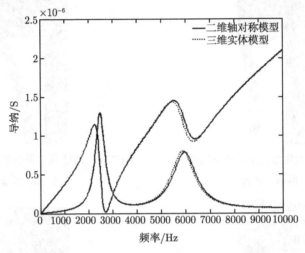

图 7.13　二维模型与三维模型导纳计算值比较

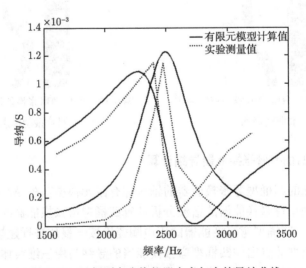

图 7.14　凹桶型弯张换能器在空气中的导纳曲线

的凹桶型弯张换能器在空气中的导纳曲线得到该凹桶型弯张换能器在空气中的谐振频率为 2490Hz，而由实验测量的导纳曲线得到凹桶型弯张换能器在空气中的谐振频率为 2480Hz，可见二者很接近，计算误差为 0.4%。由图 7.14 还可见，对凹桶型弯张换能器的压电陶瓷堆进行多片建模后，凹桶型弯张换能器在空气中的导纳的有限元模型计算值与实验测量值的谐振峰的位置、导纳的量级及变化趋势是一致的，表明所用有限元模型对凹桶型弯张换能器在空气中的导纳进行计算是合理和有效的。计算值跟实验测量值之间也存在一定的差异，这是由于所建有限元模型是对实际凹桶型弯张换能器的一种简化，只是一个比较近似的模型。

7.3　水中凹桶型弯张换能器二维轴对称有限元建模计算

7.3.1　水中轴对称有限元模型建立

建立凹桶型弯张换能器在水中的有限元模型，压电陶瓷堆按每片 4mm 厚分成多片进行建模，凹桶型弯张换能器所在水域使用流体单元进行建模。图 7.15 为凹桶型弯张换能器及其流体域上半部分的轴对称有限元模型及划分的网格。

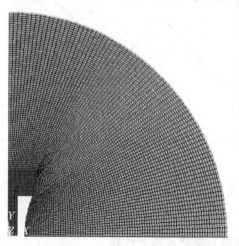

图 7.15　凹桶型弯张换能器及其流体域上半部分的轴对称有限元模型及划分的网格

7.3.2　水中换能器导纳计算

在 ANSYS 软件中利用所建立的凹桶型弯张换能器在水中的轴对称有限元模型，设定材料属性和单元类型，对模型施加对称边界条件后，通过对凹桶型弯张换能器的谐波分析计算该张换能器的导纳。常数阻尼系数选为 0.12，凹桶型弯张换能器的压电陶瓷堆按每片 4mm 厚分成多片进行建模，计算出此时凹桶型弯张换能器在水中的一阶谐振频率附近的导纳曲线如图 7.16 中实线所示，图 7.16 中虚线为用阻抗分析仪对凹桶型弯张换能器在消声水池中导纳的测量结果。从图 7.16 可知，由有限元模型计算的凹桶型弯张换能器在水中的导纳曲线得到该换能器在水中的谐振频率为 1480Hz，而由实验测量的导纳曲线得到凹桶型弯张换能器在水中的谐振频率为 1418Hz，可见二者很接近，计算误差为 4%。由于流体与凹桶型弯张换能器间的相互作用，凹桶型弯张换能器在水中的谐振频率比空气中的降低了 1010Hz，降低的频率是水中谐振频率的 68%。由此可见，此凹桶型弯张换能器与水的相互作用比较大，在水中的谐振频率较之空气中的降低得比较多。由图 7.16 还可以得到，用有限元模型计算得到的凹桶型弯张换能器在水中的导纳与实验测量值的谐振峰的位置、导纳的量级及变化趋势是一致的，表明所用有限元模型对凹桶型弯张换能器在水中的导纳进行计算是合理和有效的。计算值与实验测量值之间也存在一些由模型的简化而导致的误差。

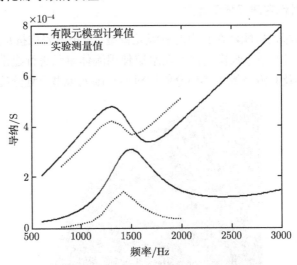

图 7.16　凹桶型弯张换能器在水中的导纳曲线

7.3.3　水中凹桶型弯张换能器声辐射计算

在 ANSYS 软件中可以利用所建立的凹桶型弯张换能器在水中的轴对称有限元模型，通过对凹桶型弯张换能器的谐波分析计算凹桶型弯张换能器在水中的声辐射特性。常数阻尼系数还是选为 0.12，凹桶型弯张换能器的压电陶瓷堆按每片 4mm 厚分成多片进行建模。首先可以利用有限元模型计算凹桶型弯张换能器的发射电压响应。

凹桶型弯张换能器的发射电压响应可定义为：发射凹桶型弯张换能器在声轴方向上离其有效声中心 d_0 米距离上产生的自由场声压 P_f 和该距离的乘积与加到

凹桶型弯张换能器输入端的激励电压 V 的比值。

$$S_{\text{v}} = P_{\text{f}} \cdot d_0 / V \tag{7.3}$$

当用分贝表示时，则称为发射电压响应级，即

$$S_{\text{v}}L = 20 \lg \frac{S_{\text{v}}}{(S_{\text{v}})_{\text{ref}}} = 20 \lg \left(\frac{P_{\text{f}} \cdot d_0}{V} \right) + 120 \tag{7.4}$$

式中，发射电压响应的基准值 $(S_{\text{v}})_{\text{ref}} = 1\mu\text{Pa} \cdot \text{m} / \text{V}$。

图 7.17 为用有限元模型计算出的凹桶型弯张凹桶型弯张换能器在水中的发射电压响应曲线，声轴方向取所建凹桶型弯张换能器模型中的横轴方向。计算得到凹桶型弯张换能器在谐振频率 1480Hz 处的发射电压响应为 131.1dB，而在消声水池中实验测量得到的凹桶型弯张换能器在谐振频率 1418Hz 处的发射电压响应为 131.3dB。由此可见，二者十分一致，表明用有限元模型对该凹桶型弯张换能器的发射电压响应进行仿真计算是正确有效的。

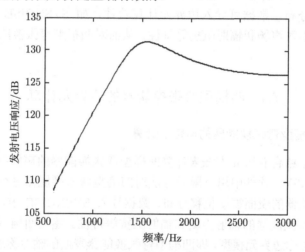

图 7.17 凹桶型弯张换能器的发射电压响应

图 7.18 为用有限元模型计算出的凹桶型弯张换能器在 1400Hz 下的远场辐射声压指向性图。加在凹桶型弯张换能器上的电压为 1000V，计算出距离声中心 1m 远圆周上的声压级。由于凹桶型弯张换能器模型为上下对称的轴对称模型，所以只画出了 $0° \sim 90°$ 的指向性图，辐射声压级为 190.34~190.32dB，参考声压为 $1\mu\text{Pa}$，所建凹桶型弯张换能器模型中横轴方向为 $0°$ 方向，纵轴方向为 $90°$ 方向。可见，此凹桶型弯张换能器的远场辐射指向性还是很均匀的。

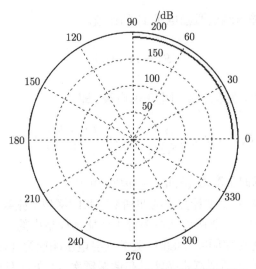

图 7.18   凹桶型弯张换能器的辐射指向性

利用 ANSYS 软件中对凹桶型弯张换能器的谐波分析还可以得到该换能器的表面振动位移分布，数据可导入边界元计算软件，如 SYSNOISE 中计算凹桶型弯张换能器的辐射声场和辐射阻抗等特性，从而对凹桶型弯张换能器做进一步的分析。

7.4   凹桶型弯张换能器的边界元计算

7.4.1   单个凹桶型弯张换能器的声辐射计算

用边界元法结合有限元方法来计算凹桶型弯张换能器的声辐射。利用前面介绍的方法在 ANSYS 软件中用有限元方法对凹桶型弯张换能器进行谐波分析得到凹桶型弯张换能器的表面振动位移分布，数据导入 SYSNOISE 中，用边界元法来计算凹桶型弯张换能器的辐射声场和辐射阻抗等特性。建立凹桶型弯张换能器的上半部分的轴对称边界元模型，即凹桶型弯张换能器表面的轴对称边界元模型，如图 7.19 所示，凹桶型弯张换能器具体尺寸与前面的相同。在 ANSYS 软件中用有限元方法对此换能器进行谐波分析得到凹桶型弯张换能器在水中的表面振动位移分布，数据导入 SYSNOISE 中的凹桶型弯张换能器边界元模型中，得到凹桶型弯张换能器的表面振速分布。对凹桶型弯张换能器施加 1000V 的电压，在 1400Hz 下其表面法向振速分布如图 7.20 所示。由图 7.20 可见，凹桶型弯张换能器的法向振速在凹板的最凹部分最大，向上逐渐减小，顶部只有很小的法向振速。知道了凹桶型弯张换能器的表面法向振速后，设定流体密度和声速及对称边界条件，就可以在 SYSNOISE 中用边界元法计算凹桶型弯张换能器的声辐射。图 7.21 为凹桶型弯张换能器的距离中心 1m 远，在 $0° \sim 90°1/4$ 圆周上的辐射声压幅度，实线代表边界元法计算值，虚线代表有限元方法计算值。由于凹桶型弯张换能器模型为上下对称的轴对称模型，所以只计算了 $0° \sim 90°$ 的辐射声压，所建凹桶型弯张换能器模型中，横轴方向为 $0°$ 方向，纵轴方向为 $90°$ 方向。用有限元方法计算得到的声压级为 190.32~190.34dB，用边界元法计算得到的声压级为 190.31~190.33dB，参考声压为 1μPa，以下如无特别说明计算声压级的参考声压都为 1μPa。可见，用边界元法计算结果与用有限元方法计算结果十分一致。图 7.22 为极坐标表示下凹桶型弯张换能器距离中心 1m 远，在 $0° \sim 90°1/4$ 圆周上的辐射声压指向性图，实线代表边界元法计算值，虚线代表有限元方法计算值。由图 7.22 可见，二者很吻合，计算得到的此凹桶型弯张换能器的辐射指向性比较均匀。

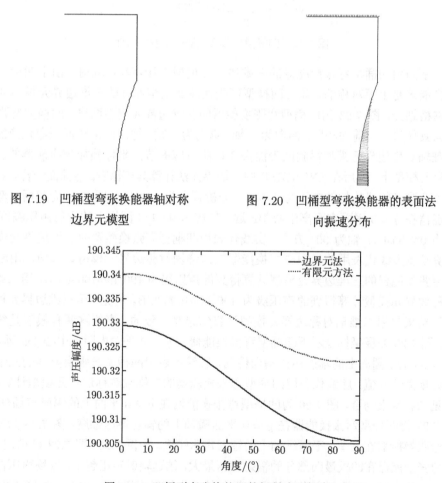

图 7.19　凹桶型弯张换能器轴对称　　　图 7.20　凹桶型弯张换能器的表面法
　　　　　边界元模型　　　　　　　　　　　　　　向振速分布

图 7.21　凹桶型弯张换能器的辐射声压幅度

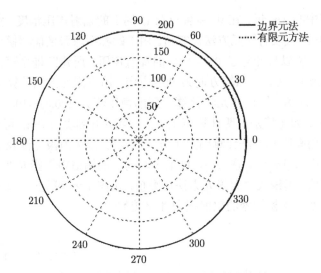

图 7.22　凹桶型弯张换能器的辐射指向性

　　下面用凹桶型弯张换能器的三维边界元模型来计算其声辐射。由于凹桶型弯张换能器是上下对称的，建立凹桶型弯张换能器上半部分的三维边界元模型并进行网格划分，图 7.23 为凹桶型弯张换能器的三维边界元模型网格，凹桶型弯张换能器具体尺寸与前面相同，横向为 x 轴，纵向为 z 轴。把前面由凹桶型弯张换能器二维轴对称边界元模型得到的表面振速按照对应的节点坐标施加到换能器的三维边界元模型上，然后在 SYSNOISE 中用边界元法计算其声辐射。与前面一样，对凹桶型弯张换能器施加的电压为 1000V，分析频率为 1400Hz。图 7.24 为凹桶型弯张换能器在 $y = 0$ 平面内距离中心 1m 远，在 $0° \sim 90°$ 1/4 圆周上的辐射声压幅度，x 轴为 $0°$ 方向，z 轴为 $90°$ 方向，实线代表用凹桶型弯张换能器的三维边界元模型计算值，虚线代表用凹桶型弯张换能器的二维轴对称边界元模型计算值。用凹桶型弯张换能器的三维边界元模型计算得到的声压级为 190.40~190.44dB，用二维轴对称边界元模型计算得到的声压级为 190.31~190.33dB。可见，用三维边界元模型计算结果与用二维轴对称边界元模型计算结果是一致的，表明这两种模型是统一的。图 7.25 为极坐标表示下凹桶型弯张换能器在 $y = 0$ 平面内距离中心 1m 远，在 $0° \sim 90°$ 1/4 圆周上的辐射声压指向性图，实线代表用凹桶型弯张换能器的三维边界元模型计算值，虚线代表用凹桶型弯张换能器的二维轴对称边界元模型计算值，可见二者也很吻合。图 7.26 为凹桶型弯张换能器在 $y = 0$ 平面上的辐射声场分布，图 7.27 为凹桶型弯张换能器在 $y = 0$ 平面横轴上的辐射声压幅度，图 7.28 为凹桶型弯张换能器在 $y = 0$ 平面纵轴上的辐射声压幅度。由图 7.26~图 7.28 可见，凹桶型弯张换能器在凹板最凹部分的辐射声压最大，越远辐射声压越小，远场声压像球面波一样衰减。凹桶型弯张换能器表面处的最大辐射声级为 218.6dB，横轴方向上 1m 远处的辐射声压级, 即此凹桶型弯张换能器的辐射声源级为 190.44 dB。利用边界元模型把凹桶型弯张换能器的表面振速对表面积积分可得到凹桶型弯张换能器的容积速度为 0.0051m³/s, 把凹桶型弯张换能器的表面声压对表面积积分可得到凹桶型弯张换能器的辐射阻抗为 $(1.4839 \times 10^4 + \mathrm{j}6.2598 \times 10^4)\mathrm{N} \cdot \mathrm{s} / \mathrm{m}$, 参考速度为凹桶型弯张换能器的平均法向振速。

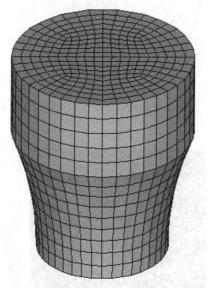

图 7.23 凹桶型弯张换能器三维边界元模型网格

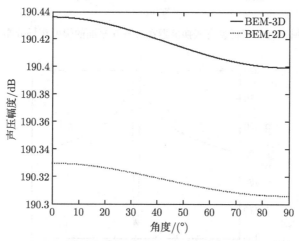

图 7.24 凹桶型弯张换能器在 $y = 0$ 平面的辐射声压幅度

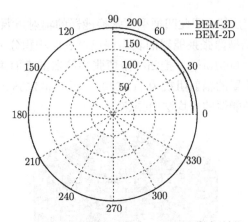

图 7.25　凹桶型弯张换能器在 $y = 0$ 平面的辐射指向性

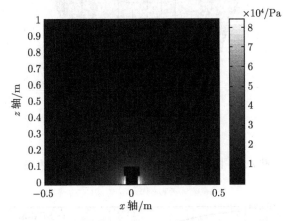

图 7.26　凹桶型弯张换能器在 $y = 0$ 平面的辐射声场分布

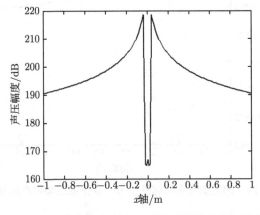

图 7.27　凹桶型弯张换能器在 $y = 0$ 平面横轴上的辐射声压幅度

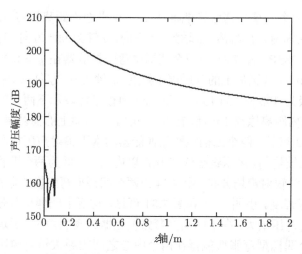

图 7.28 凹桶型弯张换能器在 $y = 0$ 平面纵轴上的辐射声压幅度

7.4.2 凹桶型弯张换能器基阵的声辐射计算

在前面计算单个凹桶型弯张换能器声辐射特性的基础上,用边界元法来计算凹桶型弯张换能器基阵的声辐射特性。

首先计算由两个凹桶型弯张换能器组成的基阵的声辐射。两个凹桶型弯张换能器上半部分的三维边界元模型网格如图 7.29 所示。这两个凹桶型弯张换能器完全相同,与前面的一样,单个凹桶型弯张换能器最大半径为 0.045m,两个凹桶型弯张换能器的外接圆半径为 0.125m,两个凹桶型弯张换能器的中心间距为 0.16m,横向为 x 轴,纵向为 z 轴,两个凹桶型弯张换能器的中心在 x 轴上,两个中心连线的中点为原点。把与前面单个凹桶型弯张换能器相同的表面振速施加到两个凹桶型弯张换能器对应的节点上,然后在 SYSNOISE 中用边界元法计算其声辐射,分析频率仍然为 1400Hz。

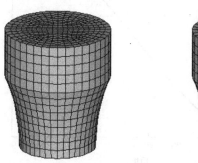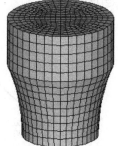

图 7.29 两个凹桶型弯张换能器的三维边界元模型网格

　　图 7.30 为两个凹桶型弯张换能器在 $z = 0$ 平面内距离原点 1m 远, 在 $0° \sim$
$90°1/4$ 圆周上的辐射声压幅度, x 轴为 $0°$ 方向, y 轴为 $90°$ 方向, 计算得到的声压
级为 195.3~196.08dB。图 7.31 为两个凹桶型弯张换能器在 $y = 0$ 平面内距离原点
1m 远, 在 $0° \sim 90°1/4$ 圆周上的辐射声压幅度, x 轴为 $0°$ 方向, z 轴为 $90°$ 方向, 计
算得到的声压级为 195.3~196.15dB。图 7.32 为极坐标表示下两个凹桶型弯张换能
器在 $y = 0$ 平面内距离原点 1m 远, 在 $0° \sim 90°1/4$ 圆周上的辐射声压指向性图。由
图 7.30~ 图 7.32 可见, 两个凹桶型弯张换能器的水平辐射声压指向性与垂直辐射
声压指向性都比较均匀, 声压级起伏在 1dB 以内。图 7.33 为两个凹桶型弯张换能器
在 $y = 0$ 平面上的辐射声场分布, 图 7.34 为两个凹桶型弯张换能器在 $y = 0$ 平面横
轴上的辐射声压幅度。由图 7.33 和图 7.34 可见, 这两个凹桶型弯张换能器在两个
中心之间的辐射声压最大, 高于凹桶型弯张换能器的表面声压, 远场声压像球面波
一样衰减。两个凹桶型弯张换能器在两个中心之间的最大辐射声压级为 221.4dB,
在凹桶型弯张换能器表面的最大辐射声压级为 219.2dB, 两个凹桶型弯张换能器间
的最大辐射声压高于最大表面声压 2.2dB。两个凹桶型弯张换能器的辐射声源级为
$z = 0$ 平面内过原点且垂直于两个中心连线的声轴方向上 1m 远处的辐射声压级,
计算得到的结果为 196.08 dB。可见, 这两个凹桶型弯张换能器的辐射声源级比前面
计算的单个凹桶型弯张换能器的声源级高 5.6dB。这是由于这两个凹桶型弯张换能
器的间距远小于半波长, 辐射声功率与它们的容积速度的平方成正比, 两个凹桶型
弯张换能器的容积速度提高为单个凹桶型弯张换能器的 2 倍, 所以辐射声功率提高
为单个换能器的约 4 倍。两个凹桶型弯张换能器的容积速度为单个凹桶型弯张换能
器的 2 倍, 即为 0.0102m³/s, 两个凹桶型弯张换能器的自辐射阻抗与前面计算的单

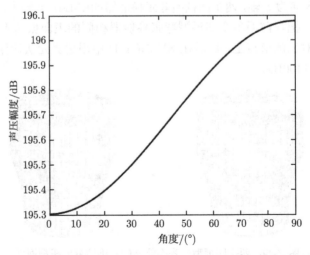

图 7.30　两个凹桶型弯张换能器在 $z = 0$ 平面的辐射声压幅度

个凹桶型弯张换能器的辐射阻抗一样，为 $(1.4839 \times 10^4 + \text{j}6.2598 \times 10^4) \text{N} \cdot \text{s} / \text{m}$，由一个凹桶型弯张换能器在另一个凹桶型弯张换能器表面上的辐射声压对表面积积分可得到凹桶型弯张换能器的互辐射阻抗为 $(1.1068 \times 10^4 + \text{j}9.2568 \times 10^3) \text{N} \cdot \text{s} / \text{m}$，参考速度为凹桶型弯张换能器的平均法向振速。可见，由于这两个凹桶型弯张换能器的间距远小于半波长，它们之间的互作用很大，互辐射阻与自辐射阻相当。

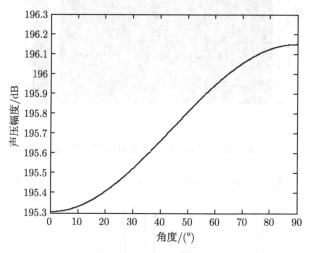

图 7.31　在 $y = 0$ 平面的辐射声压幅度

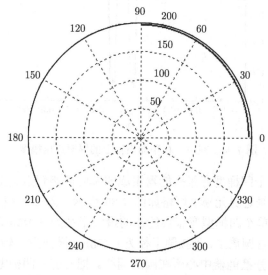

图 7.32　在 $y = 0$ 平面的辐射声压指向性

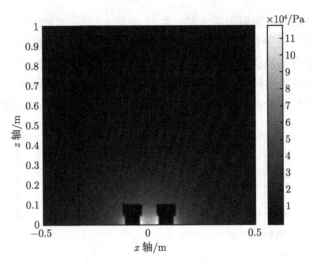

图 7.33　在 $y = 0$ 平面的辐射声场分布

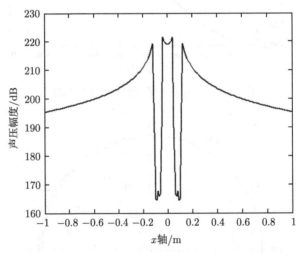

图 7.34　在 $y = 0$ 平面横轴上的辐射声压幅度

　　下面计算由三个凹桶型弯张换能器组成的基阵的声辐射。三个凹桶型弯张换能器上半部分的三维边界元模型网格如图 7.35 所示。这三个凹桶型弯张换能器仍然与前面的一样,单个凹桶型弯张换能器的最大半径为 0.045m,三个凹桶型弯张换能器等间距分布在圆周上,外接圆半径为 0.125m,横向为 x 轴,纵向为 z 轴,原点为三个凹桶型弯张换能器中心所在圆的圆心。把与前面凹桶型弯张换能器相同的表面振速施加到这三个凹桶型弯张换能器对应的节点上,然后在 SYSNOISE 中用边界元法计算其声辐射,分析频率仍然为 1400Hz。图 7.36 为这三个凹桶型弯张换能器在 $z = 0$ 平面内距离原点 1m 远,在 $0° \sim 120°$ 1/3 圆周上的辐射声压幅度,由于这三个凹桶型弯张换能器是对称分布的, 所以只计算了 $0° \sim 120°$ 的辐射声压, x 轴为 $0°$ 方向, y 轴为 $90°$ 方向, 计算得到的声压级为 $199.15 \sim 199.18$dB。可见, 此凹桶型弯张换能器基阵的水平指向性很均匀, 声压级起伏在 0.03dB 以内。图 7.37 为这三个凹桶型弯张换能器在 $y = 0$ 平面内距离原点 1m 远, 在 $0° \sim 90°1/4$ 圆周上的辐射声压幅度, x 轴为 $0°$ 方向, z 轴为 $90°$ 方向, 计算得到的声压级为 $199.15 \sim 199.61$dB。可见, 此凹桶型弯张换能器阵的垂直指向性也比较均匀, 声压级起伏在 0.46dB 以内。图 7.38 为这三个凹桶型弯张换能器在 $y = 0$ 平面上的辐射声场分布, 图 7.39 为这三个凹桶型弯张换能器在 $y = 0$ 平面横轴上的辐射声压幅度。由图 7.38 和图 7.39 可见, 此换能器阵在三个凹桶型弯张换能器中间的辐射声压最大, 高于凹桶型弯张换能器的表面声压, 远场声压像球面波一样衰减。此换能器阵在凹桶型弯张换能器中间的最大辐射声压级为 224.5dB, 在凹桶型弯张换能器表面的最大辐射声压级为 220.7dB, 凹桶型弯张换能器间的最大辐射声压高于最大表面辐射声压 3.8dB。此换能器阵的辐射声源级为 $z = 0$ 平面内原点与凹桶型弯张换能器中心连线的声轴方向上 1m 远处的辐射声压级, 计算得到的结果为 199.15dB。可见, 这三个凹桶型弯张换能器的辐射声源级比前面计算的单个凹桶型弯张换能器的声源级高 8.7dB。与前面两个凹桶型弯张换能器时的情况一样, 这是由于这三个凹桶型弯张换能器的间距远小于半波长, 辐射声功率与它们的容积速度的平方成正比, 三个凹桶型弯张换能器的容积速度提高为单个凹桶型弯张换能器的 3 倍, 所以辐射声功率提高为单个凹桶型弯张换能器的 9 倍左右。三个凹桶型弯张换能器的容积速度为单个凹桶型弯张换能器的 3 倍, 即为 0.0153m^3/s, 三个凹桶型弯

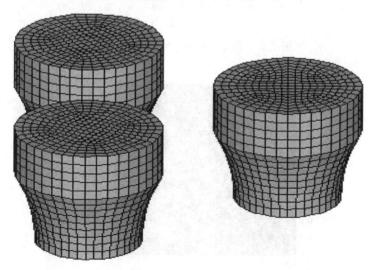

图 7.35　三个凹桶型弯张换能器的三维边界元模型网格

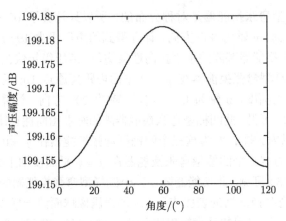

图 7.36　在 $z = 0$ 平面的辐射声压幅度

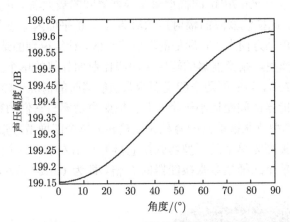

图 7.37　在 $y = 0$ 平面的辐射声压幅度

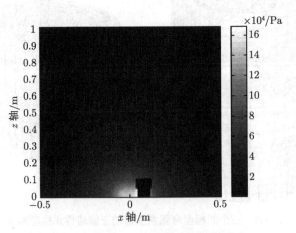

图 7.38　在 $y = 0$ 平面的辐射声场分布

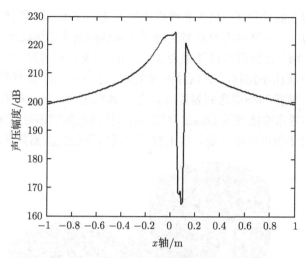

图 7.39 在 $y = 0$ 平面横轴上的辐射声压幅度

张换能器的自辐射阻抗与前面计算的单个凹桶型弯张换能器的辐射阻抗一样，为 $(1.4839 \times 10^4 + \mathrm{j}6.2598 \times 10^4) \mathrm{N} \cdot \mathrm{s} / \mathrm{m}$，由一个凹桶型弯张换能器在另外两个凹桶型弯张换能器表面上的辐射声压对表面积积分可得到三个凹桶型弯张换能器两两间的互辐射阻抗为 $(1.1758 \times 10^4 + \mathrm{j}1.4577 \times 10^4) \mathrm{N} \cdot \mathrm{s} / \mathrm{m}$，参考速度为凹桶型弯张换能器的平均法向振速。

下面计算由三个凹桶型弯张换能器组成的基阵在中间加衬时的声辐射。由于在三个凹桶型弯张换能器中间的辐射声压较大，考虑在三个凹桶型弯张换能器的中间加上软边界的衬来减小中间的辐射声压，从而使基阵向外辐射声波。三个凹桶型弯张换能器加衬时上，半部分的三维边界元模型网格如图 7.40 所示。这三个凹桶型弯张换能器仍然与前面的一样，单个凹桶型弯张换能器的最大半径为 0.045m，三个凹桶型弯张换能器等间距分布在圆周上，外接圆半径为 0.125m，里衬顶部半径为 0.0345m，衬把三个凹桶型弯张换能器中间的空间填充起来，衬为软边界，阻抗为 $1.5 \times 10^3 \mathrm{Pa} \cdot \mathrm{s} / \mathrm{m}$，横向为 x 轴，纵向为 z 轴，原点为三个凹桶型弯张换能器中心所在圆的圆心。把与前面凹桶型弯张换能器相同的表面振速施加到这三个凹桶型弯张换能器对应的节点上，在衬上施加阻抗边界条件，然后在 SYSNOISE 中用边界元法计算其声辐射，分析频率仍然为 1400Hz。图 7.41 为这个凹桶型弯张换能器基阵在 $z = 0$ 平面内距离原点 1m 远，在 $0° \sim 120°1/3$ 圆周上的辐射声压幅度，计算得到的声压级为 191.6~191.86dB。图 7.42 为此凹桶型弯张换能器阵在 $y = 0$ 平面上的辐射声场分布，图 7.43 为此凹桶型弯张换能器阵在 $y = 0$ 平面横轴上的辐射声压幅度。由图 7.42 和图 7.43 可见，此凹桶型弯张换能器阵由于在中间填充了软边界的衬，凹桶型弯张换能器中间的辐射声压降低了，最大辐射声压为凹桶型弯张换能器表面的声压,最大表面声压级为 218.1dB。此凹桶型弯张换能器阵的辐射声源级为 $z = 0$ 平面内原点与凹桶型弯张换能器中心连线的声轴方向上 1m 远处的辐射声压级,计算得到的结果为 191.6dB。可见,加衬时此凹桶型弯张换能器阵的辐射声源级比不加衬时的辐射声源级降低了 7.55dB,降低得比较多。这是由于软边界的衬使得凹桶型弯张换能器阵总的容积速度降低,衬的反射声压抵消了一部分凹桶型弯张换能器阵的辐射声压,从而使得基阵的辐射声源级减小。适当减小软边界衬的体积可以在一定程度上提高凹桶型弯张换能器阵的辐射声源级。

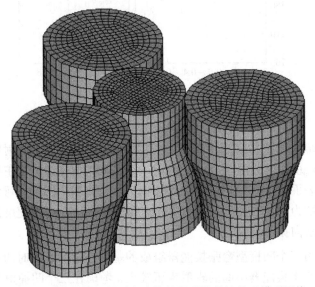

图 7.40　带衬的凹桶型弯张换能器基阵的边界元模型网格

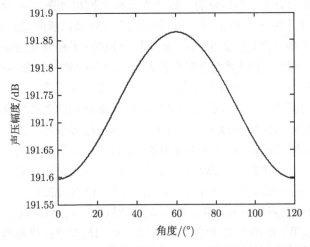

图 7.41　凹桶型弯张换能器阵在 $z = 0$ 平面的辐射声压幅度

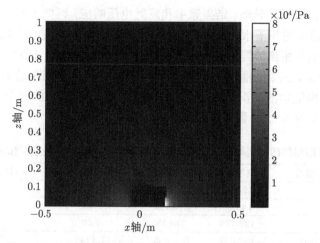

图 7.42 凹桶型弯张换能器阵在 $y = 0$ 平面的辐射声场分布

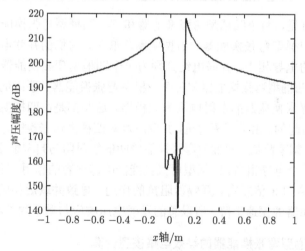

图 7.43 在 $y = 0$ 平面横轴上的辐射声压幅度

7.5 凹桶型弯张换能器及基阵的等效电路分析

7.5.1 凹桶型弯张换能器及基阵电声测量结果

首先, 对凹桶型弯张换能器及基阵的导纳、谐振频率和发射电压响应等参数进行了实验测量。在消声水池中分别把 1 号、2 号和 3 号凹桶型弯张换能器单独吊下水, 用阻抗分析仪测量它们在 1.4kHz 频率下的导纳、谐振频率, 再通过测量凹桶型弯张换能器两端的电压及距离 1.83m 处的标准水听器接收到的声压得到凹桶型弯张换能器的发射电压响应, 然后把 1 号和 3 号凹桶型弯张换能器同时吊下水,测量它们两个并联时的导纳、谐振频率和发射电压响应，再把 1 号、2 号和 3 号凹桶型弯张换能器同时吊下水，测量它们三个并联时的导纳、谐振频率和发射电压响应。三个凹桶型弯张换能器间的间距与第 5 章对声辐射仿真计算时的一样，外接圆半径为 0.125m，三个凹桶型弯张换能器等间距分布，阵元间距远小于半波长，两个凹桶型弯张换能器的情况为取这三个凹桶型弯张换能器中的两个，凹桶型弯张换能器吊下水深 2.5m。测量结果如表 7.1 所示。

表 7.1　测量得到的凹桶型弯张换能器在 1.4kHz 时的导纳、谐振频率和发射电压响应

凹桶型弯张换能器	电导/μS	电纳/μS	谐振频率/kHz	发射电压响应/dB
1 号	120.95	384.08	1.43	129.9
2 号	146.35	376.174	1.408	130.06
3 号	123.229	374.55	1.42	129.5
1 号和 3 号并联	159.652	670.263	1.3236	129.65
1 号、2 号和 3 号并联	129.485	987.678	1.219	129.8

从表 7.1 可见，两个凹桶型弯张换能器和三个凹桶型弯张换能器并联时的谐振频率较单个凹桶型弯张换能器的谐振频率降低了，它们的并联电导与单个凹桶型弯张换能器的电导相当，并联电纳分别为单个凹桶型弯张换能器电纳的 2 倍和 3 倍左右，两个凹桶型弯张换能器和三个凹桶型弯张换能器并联时的发射电压响应与单个凹桶型弯张换能器的发射电压响应相当。这些都是由凹桶型弯张换能器间的互辐射阻抗引起的。由于互辐射抗，并联时水对凹桶型弯张换能器的同振质量增加，这导致谐振频率降低。凹桶型弯张换能器间的辐射阻与自辐射阻相当，导致并联后的电导与单个电导相当。凹桶型弯张换能器静态电容的作用，导致并联后的电纳为单个的 2 倍和 3 倍左右。互辐射阻抗的作用，导致并联后相同输入电压下的凹桶型弯张换能器的振速下降，所以总的发射电压响应与单个的差不多。

7.5.2　单个凹桶型弯张换能器的等效电路模型计算

下面通过对凹桶型弯张换能器的电声测量数据及利用边界元模型结合有限元模型对凹桶型弯张换能器计算结果进行分析，推导得到单个凹桶型弯张换能器在空气中和在水中的等效电路模型参数。

单个凹桶型弯张换能器在空气中和在水中的全电等效电路模型分别如图 7.44 和图 7.45 所示，由于凹桶型弯张换能器的静态电阻 R_0 很大，达到兆欧级，所以可以忽略不计，C_0 为凹桶型弯张换能器的静态电容，n 为凹桶型弯张换能器的机电转换系数，L_m、C_m 和 R_m 分别为凹桶型弯张换能器机械谐振频率附近的有效质量、有效顺性及机械阻等效后的电感、电容和电阻，L_s 和 R_s 分别为凹桶型弯张换能器在水中振动时的同振质量及辐射阻等效后的电感和电阻。

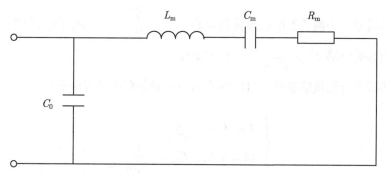

图 7.44　单个凹桶型弯张换能器在空气中的全电等效电路模型

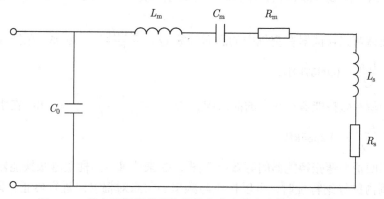

图 7.45　单个凹桶型弯张换能器在水中的全电等效电路模型

测量得到三个凹桶型弯张换能器在空气中的谐振频率平均值 $f_{A0} = 2.4938\text{kHz}$, 谐振频率处的电导平均值 $G = 1.1025\text{mS}$, 谐振频率处的电纳平均值 $B = 680.45\mu\text{S}$, 则凹桶型弯张换能器在谐振频率处的电阻为 $R_A = \dfrac{1}{G} = 907.03\Omega$。凹桶型弯张换能器的机械阻等效电阻 $R_m = R_A = 907.03\Omega$。

测量得到三个凹桶型弯张换能器在水中的谐振频率平均值 $f_{W0} = 1.4193\text{kHz}$, 谐振频率处的电导平均值 $G = 132.27\mu\text{S}$, 谐振频率处的电纳平均值 $B = 370.66\mu\text{S}$, 则凹桶型弯张换能器在谐振频率处的电阻 $R_W = \dfrac{1}{G} = 7560.3\Omega$。

由凹桶型弯张换能器在水中谐振频率处的电纳计算出该换能器的静态电容为 $C_0 = \dfrac{B}{2\pi f_{W0}} = 41.56\text{nF}$。

凹桶型弯张换能器在水中辐射阻的等效电阻 $R_s = R_W - R_A = 6653.3\Omega$。

利用边界元法结合有限元方法计算得到的凹桶型弯张换能器在水中 1.4kHz 时的辐射阻抗 $Z_r = R_r + jX_r = (1.4839 \times 10^4 + j6.2598 \times 10^4)\text{N} \cdot \text{s} / \text{m}$, 来近似替代凹桶型弯张换能器在水中谐振频率处的辐射阻抗。

此凹桶型弯张换能器的机电转换系数 $n = \sqrt{\dfrac{R_r}{R_s}} = 1.4934$。凹桶型弯张换能器辐射抗的等效电感 $L_s = \dfrac{X_r}{n^2 \omega_{W0}} = 3.1474\text{H}$。

由凹桶型弯张换能器在空气中和在水中的谐振频率计算公式可得

$$\begin{cases} L_m \cdot C_m = \dfrac{1}{\omega_{A0}^2} \\ (L_m + L_s) \cdot C_m = \dfrac{1}{\omega_{W0}^2} \end{cases} \tag{7.5}$$

将 ω_{A0}、ω_{W0} 和 L_s 代入式 (7.5) 解这个方程组可得 $L_m = 1.5079\text{H}$，$C_m = 2.7011 \times 10^{-9}\text{F}$。

凹桶型弯张换能器在空气中的品质因数 $Q = \dfrac{\omega_{A0} L_m}{R_m} = 26.05$，在空气中的带宽 $\Delta f = \dfrac{f_{A0}}{Q} = 0.0957\text{kHz}$。

凹桶型弯张换能器在水中的品质因数 $Q = \dfrac{\omega_{W0}(L_m + L_s)}{R_m + R_s} = 5.49$，在水中的带宽 $\Delta f = \dfrac{f_{W0}}{Q} = 0.2585\text{kHz}$。

在用凹桶型弯张换能器的等效电路图 7.45 来计算该凹桶型弯张换能器在一定频率范围内的导纳特性时，可以按照与频率的关系对辐射阻进行修正，即 $R_s = (6653.3 \times (f/1400)^2)\Omega$。

由等效电路图 7.45 得到凹桶型弯张换能器在 1.4kHz 时的导纳为

$$Y = (129.34 \times 10^{-6} + \text{j}385.04 \times 10^{-6})\text{S}$$

凹桶型弯张换能器等效电路动态支路的阻抗 $Z = (7560.3 - \text{j}1137.2)\Omega$，阻抗的模值 $|Z| = 7645.3\Omega$。

7.5.3　两个凹桶型弯张换能器并联的等效电路模型计算

下面分析两个凹桶型弯张换能器在水中并联时的情况。两个凹桶型弯张换能器在水中并联时，单个支路的全电等效电路模型如图 7.46 所示。C_0 为凹桶型弯张换能器的静态电容，L_m、C_m 和 R_m 分别为凹桶型弯张换能器机械谐振频率附近的有效质量、有效顺性及机械阻等效后的电感、电容和电阻，L_s 和 R_s 分别为凹桶型弯张换能器在水中的自辐射阻抗等效后的电感和电阻，L_{mutual} 和 R_{mutual} 分别为两个凹桶型弯张换能器在水中的互辐射阻抗等效后的电感和电阻。

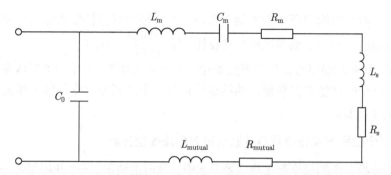

图 7.46 两个凹桶型弯张换能器在水中并联时单个支路的全电等效电路模型

测量得到两个凹桶型弯张换能器在水中并联时的谐振频率 $f_{W0}=1.3236$ kHz，谐振频率处的电导值 $G=179.07\mu$S，谐振频率处的电纳平均值 $B=689.9\mu$S。

利用边界元法结合有限元方法计算得到的凹桶型弯张换能器在水中 1.4kHz 时的三个凹桶型弯张换能器中两两间的互辐射阻抗 $Z_{\text{rmutual}} = R_{\text{rmutual}} + jX_{\text{rmutual}} = (1.1758 \times 10^4 + j1.4577 \times 10^4)$N · s / m，来近似替代两个凹桶型弯张换能器在水中谐振频率处的互辐射阻抗。

两个凹桶型弯张换能器并联时单个支路等效电路中的 C_0、L_m、C_m、R_m、L_s 和 R_s 都与前面单个凹桶型弯张换能器等效电路中的相同。由计算出的凹桶型弯张换能器间的互辐射阻抗与自辐射阻抗之间的比例关系可以计算出两个凹桶型弯张换能器间互辐射抗的等效电感为 $L_{\text{mutual}} = \dfrac{X_{\text{rmutual}}}{X_r} \cdot L_s = 0.7329$H，两个凹桶型弯张换能器间互辐射阻的等效电阻为 $R_{\text{mutual}} = \dfrac{R_{\text{rmutual}}}{R_r} \cdot R_s = 5271.9\Omega$。

两个凹桶型弯张换能器并联时的谐振频率 $f_{W0} = \dfrac{1}{2\pi\sqrt{(L_m + L_s + L_{\text{mutual}})C_m}} = 1.3193$kHz。可见，计算出的两个凹桶型弯张换能器在水中并联时的谐振频率与测量得到的谐振频率 1.3236 kHz 很接近。

两个凹桶型弯张换能器在水中并联时的品质因数 $Q = \dfrac{\omega_{W0}(L_m + L_s + L_{\text{mutual}})}{R_m + R_s + R_{\text{mutual}}} = 3.48$，两个凹桶型弯张换能器在水中的带宽 $\Delta f = \dfrac{f_{W0}}{Q} = 0.3791$kHz。

在用凹桶型弯张换能器的等效电路图 7.46 来计算两个凹桶型弯张换能器在一定频率范围内的导纳特性时，同样可以按照与频率的关系对辐射阻和互辐射阻进行修正，即 $R_s = 6653.3 \times (f/1400)^2\Omega$，$R_{\text{mutual}} = 5271.9 \times (f/1400)^2\Omega$。

由凹桶型弯张换能器的全电等效电路模型图 7.46 得到两个凹桶型弯张换能器并联在 1.4kHz 时的总导纳为 $2Y = 133.07 \times 10^{-6} + j676.1 \times 10^{-6}$S。两个凹桶型弯张换能器并联时单个支路等效电路动态支路的阻抗 $Z = 12832 + j5309.7\Omega$，阻抗的模值 $|Z| = 13887\Omega$。

　　所以，两个凹桶型弯张换能器并联与一个凹桶型弯张换能器施加相同的电压得到的振速比为动态支路阻抗模值的反比，即 $\frac{7645.3}{13887}=0.55$。

　　可见，在对凹桶型弯张换能器施加相同电压的条件下，两个凹桶型弯张换能器并联时，单个凹桶型弯张换能器的振速降低为一个凹桶型弯张换能器单独工作时振速的 1/2 左右。

7.5.4　三个凹桶型弯张换能器并联的等效电路模型计算

　　下面分析三个凹桶型弯张换能器在水中并联时的情况。三个凹桶型弯张换能器在水中并联时单个支路的全电等效电路模型如图 7.47 所示。与图 7.46 中一样，C_0 为凹桶型弯张换能器的静态电容，L_m、C_m 和 R_m 分别为凹桶型弯张换能器机械谐振频率附近的有效质量、有效顺性及机械阻等效后的电感、电容和电阻，L_s 和 R_s 分别为凹桶型弯张换能器在水中的自辐射阻抗等效后的电感和电阻，L_{mutual} 和 R_{mutual} 分别为三个凹桶型弯张换能器在水中两两之间的互辐射阻抗等效后的电感和电阻，每个凹桶型弯张换能器受到其他两个凹桶型弯张换能器的互辐射阻抗为 2 倍的 L_{mutual} 和 R_{mutual}。图 7.47 中三个凹桶型弯张换能器并联时单个支路等效电路中的 C_0、L_m、C_m、R_m、L_s、R_s、L_{mutual} 和 R_{mutual} 都与图 7.46 中两个凹桶型弯张换能器并联时单个支路等效电路中对应的参数相同。

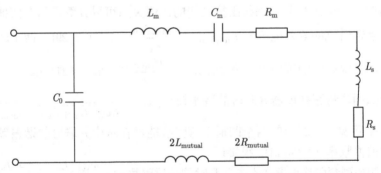

图 7.47　三个凹桶型弯张换能器在水中时单个支路的全电等效电路模型

　　测量得到三个凹桶型弯张换能器在水中并联时的谐振频率 $f_{\text{w0}}=1.219\,\text{kHz}$，谐振频率处的电导值 $G=215.6\mu\text{S}$，谐振频率处的电纳平均值 $B=932.62\mu\text{S}$。

　　通过图 7.47 计算三个凹桶型弯张换能器并联时的谐振频率为

$$f_{\text{w0}}=\frac{1}{2\pi\sqrt{(L_m+L_s+2L_{\text{mutual}})C_m}}=1.2378\text{kHz}$$

　　可见，计算出的三个凹桶型弯张换能器在水中并联时的谐振频率与测量得到的谐振频率 1.219 kHz 很接近。

三个凹桶型弯张换能器在水中并联时的品质因数 $Q = \dfrac{\omega_{\mathrm{W0}}(L_{\mathrm{m}} + L_{\mathrm{s}} + 2L_{\mathrm{mutual}})}{R_{\mathrm{m}} + R_{\mathrm{s}} + 2R_{\mathrm{mutual}}} = 2.63$，三个凹桶型弯张换能器在水中的带宽 $\Delta f = \dfrac{f_{\mathrm{W0}}}{Q} = 0.4706\mathrm{kHz}$。

由等效电路图 7.47 得到三个凹桶型弯张换能器并联在 1.4kHz 时的总导纳 $3Y = 116.56 \times 10^{-6} + \mathrm{j}995.38 \times 10^{-6}\mathrm{S}$。三个凹桶型弯张换能器并联时单个支路等效电路动态支路的阻抗 $Z = 18104 + \mathrm{j}11757\Omega$，阻抗的模值 $|Z| = 21586\Omega$。三个凹桶型弯张换能器并联与一个凹桶型弯张换能器单独施加相同的电压得到的振速比为动态支路阻抗模值的反比，即 $\dfrac{7645.3}{21586} = 0.354$。

可见，在对凹桶型弯张换能器施加相同电压的条件下，三个凹桶型弯张换能器并联时，单个凹桶型弯张换能器的振速降低为一个凹桶型弯张换能器单独时振速的 1/3 左右。

由于凹桶型弯张换能器的辐射声功率与凹桶型弯张换能器的辐射阻和振速之间的关系为

$$P = R_{\mathrm{r}}v^2 \tag{7.6}$$

则施加相同的电压，三个凹桶型弯张换能器并联时辐射的声功率与一个凹桶型弯张换能器时辐射的声功率之比为

$$10\lg\left[\frac{(R_{\mathrm{s}} + 2R_{\mathrm{mutual}}) \times 0.354^2 \times 3}{R_{\mathrm{s}}}\right] = -0.124\mathrm{dB}$$

可见，施加相同的电压时，三个凹桶型弯张换能器并联时辐射的声功率与一个凹桶型弯张换能器单独时辐射的声功率相当，即三个凹桶型弯张换能器并联时的发射电压响应与一个凹桶型弯张换能器单独时的发射电压响应相当，这与表 7.1 中的实验测量结果是一致的。但是施加相同的电压时，三个凹桶型弯张换能器并联时单个凹桶型弯张换能器的振速下降为一个凹桶型弯张换能器单独时振速的 1/3 左右。也就是说，在相同的凹桶型弯张换能器表面振速极限条件下，三个凹桶型弯张换能器并联时所能施加的电压更高，最后得到的声功率也更大。在振速相同的条件下，三个凹桶型弯张换能器并联时辐射的声功率与一个凹桶型弯张换能器单独时辐射的声功率之比为

$$10\lg\left[\frac{(R_{\mathrm{s}} + 2R_{\mathrm{mutual}}) \times 3}{R_{\mathrm{s}}}\right] = 8.895\mathrm{dB}$$

也就是说，在相同的振速极限条件下，三个凹桶型弯张换能器并联时辐射的声功率比一个凹桶型弯张换能器单独时辐射的声功率要大 8.895dB，这与本节前面用边界元模型结合有限元模型对凹桶型弯张换能器阵声源级的仿真计算结果是一致的。要使得三个凹桶型弯张换能器并联时的振速与一个凹桶型弯张换能器单独时

的振速相同，则施加在三个并联凹桶型弯张换能器两端的电压将是施加在单个凹桶型弯张换能器两端电压的 $1/0.354 = 2.82$ 倍。

7.5.5　等效电路模型计算凹桶型弯张换能器及基阵的导纳曲线

利用前面计算出来的凹桶型弯张换能器的等效电路模型图 7.44~ 图 7.47 来计算各种情况下换能器的导纳曲线。图 7.48 和图 7.49 分别为空气中和水中单个换能器的导纳曲线，实线为用等效电路模型电导计算值，点划线为用等效电路模型电纳计算值，划线为电导实验测量值，虚线为电纳实验测量值。图 7.50 和图 7.51 分别为水中两个和三个凹桶型弯张换能器并联时的导纳曲线，实线为用等效电路模型计算值，星号为实验测量值。图 7.48~ 图 7.51 中横坐标代表频率，纵坐标代表

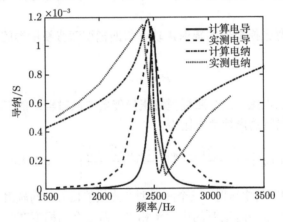

图 7.48　空气中单个换能器的导纳曲线

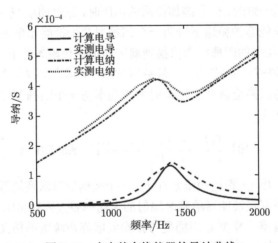

图 7.49　水中单个换能器的导纳曲线

导纳。由图 7.48~图 7.51 可见，用等效电路模型计算的凹桶型弯张换能器的导纳结果与实验测量结果很一致，表明本书所计算出的凹桶型弯张换能器等效电路模型的正确性。由图 7.48~图 7.51 还可见，凹桶型弯张换能器并联后较单个凹桶型弯张换能器的谐振频率降低，发射带宽展宽，这些都有利于凹桶型弯张换能器阵发射性能的提高。用等效电路模型计算得到的单个凹桶型弯张换能器在水中的谐振频率为 1.4193kHz，带宽为 0.2585kHz；两个凹桶型弯张换能器并联的谐振频率为 1.3193kHz，带宽为 0.3791 kHz；三个凹桶型弯张换能器并联的谐振频率为 1.2378kHz，带宽为 0.4706 kHz。

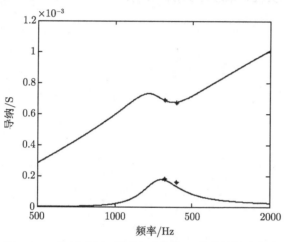

图 7.50　水中两个凹桶型弯张换能器并联的导纳曲线

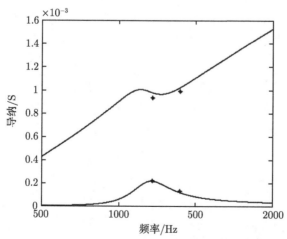

图 7.51　水中三个凹桶型弯张换能器并联的导纳曲线

7.6　本 章 小 结

在本章中主要研究了凹桶型弯张换能器及基阵,通过等效电路分析、有限元建模计算及边界元建模计算的方法,对凹桶型弯张换能器及基阵的性能进行了理论计算。首先利用有限元方法对单个凹桶型弯张换能器进行了建模与计算,得到了它的导纳曲线、发射电压响应曲线等计算结果,然后利用边界元法及等效电路法对单个凹桶型弯张换能器及多个凹桶型弯张换能器组成的基阵的声辐射特性进行了计算,并与消声水池实验结果进行了对比分析。

第8章 溢流环换能器及基阵

溢流式圆环换能器，简称溢流环换能器，是一种水平无方向性的换能器，利用其液腔振动和径向振动的耦合，使得换能器具有低的谐振频率、宽的频带和高的效率，并且体积小、重量轻、功率大，还有优异的深水性能和良好的指向性，其结构简单紧凑、工作稳定可靠，在水声领域得到了广泛的应用 [151–157]。

1964 年，Mcmahon[88] 给出了溢流环换能器液腔谐振频率和径向谐振频率的近似计算公式，溢流环换能器材料是压电陶瓷 PZT。不论是长管的溢流环换能器还是短管的溢流环换能器，谐振频率的理论计算结果与实验测量结果基本一致。但是 Mcmahon 的论文里面没有给出溢流环换能器其他参数的计算方法，如溢流环换能器的发射电压响应、阻抗特性及发射指向性等。

可以利用有限元方法对溢流环换能器的声辐射特性进行比较精确的计算，包括溢流环换能器的振动模态、谐振频率、阻抗特性、发射电压响应及近场声特性等。还可以利用 ANSYS 软件来进行溢流环换能器的有限元建模与计算，可建立溢流环换能器的轴对称有限元模型来使分析计算得到简化。

在 ANSYS 软件中用有限元方法对溢流环换能器及基阵进行谐波分析得到溢流环换能器的表面振动位移分布后，数据导入 SYSNOISE 软件中，就可以利用边界元法来计算溢流环换能器及基阵的声辐射远场特性和辐射阻抗等。由于边界元法只需要对溢流环换能器结构的边界进行网格划分和计算，所以相对于有限元方法，其计算量大大减小，适合于计算溢流环换能器及基阵的声辐射远场特性。

另外，近年来国际上对弛豫铁电单晶电致伸缩换能材料的研究受到广泛关注 [89–98]。PMN-PT 材料与压电陶瓷材料 (PZT) 相比，杨氏模量减小 (纵波速度降低)，机电耦合系数和压电常数提高，十分有利于降低溢流环换能器的尺寸、重量和谐振频率，提高溢流环换能器的发射带宽和发射电压响应。本章主要研究利用有限元方法结合边界元法对溢流环换能器及基阵的声辐射特性进行建模与计算。

8.1 溢流环换能器谐振频率理论计算

8.1.1 溢流环换能器谐振频率的计算公式

根据 Mcmahon[88] 文献中的理论，溢流环换能器在水中工作时存在两种谐振模式，一种是溢流环换能器壳体的径向谐振；另一种是溢流环换能器内部水柱的液腔谐振。这两种谐振模式耦合在一起使得溢流环换能器的谐振频率降低、发射带宽展宽。

　　溢流环换能器的几何结构如图 8.1 所示。图 8.1 中 h 代表溢流环的高度，a 代表溢流环的平均半径，t 代表溢流环的壁厚。

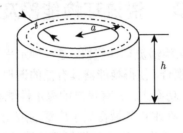

图 8.1　溢流环换能器的几何结构

　　溢流环换能器由 PMN-PT 或者 PZT 换能材料构成，径向极化。当溢流环的高度比较小时 $(h/a \ll \pi)$，其径向谐振角频率为

$$\omega_r = \sqrt{\frac{Y_{11}}{\rho a^2}} \tag{8.1}$$

式中，Y_{11} 为换能材料的横向杨氏模量；ρ 为换能材料的密度；a 为溢流环的平均半径。

　　当溢流环的高度比较大时 $(h/a \gg \pi)$，其径向谐振角频率为

$$\omega_r' = \omega_r \frac{1}{\sqrt{1-\sigma^2}} = \sqrt{\frac{Y_{11}}{\rho a^2}} \cdot \frac{1}{\sqrt{1-\sigma^2}} \tag{8.2}$$

式中，σ 为换能材料的泊松比。

　　溢流环壳体的径向振动能够激发溢流环内部水柱的液腔谐振。第 n 阶模态的液腔谐振角频率为

$$\omega_c^{(n)} = \frac{(2n-1)\pi c_0}{h + 2\alpha a_1}, \quad n = 1, 2, \cdots \tag{8.3}$$

式中，c_0 为溢流环内部水柱的声速；$a_1 = a - t/2$ 为溢流环的内半径；α 为修正系数。

　　只考虑第一阶液腔谐振模态 $(n = 1)$，有

$$\omega_c = \frac{\pi c_0}{h + 2\alpha a_1} \tag{8.4}$$

　　定义一个无量纲的频率参数 Ω：

$$\Omega = \frac{\omega_c a_1}{c_0} \tag{8.5}$$

当 Ω 的值在 0.33~3.3 时，修正系数 α 可近似表示为

$$\alpha = 0.633 - 0.106\Omega \tag{8.6}$$

结合式 (8.4) ~ 式 (8.6) 可得

$$\Omega\left(\frac{h}{2a_1} + 0.633\right) - 0.106\Omega^2 = \pi/2 \tag{8.7}$$

由于溢流环壳体对水柱的影响，溢流环内部水柱的声速 c_0 比无限开放的水域中的声速 c 要小，c_0 与 c 满足如下关系：

$$c_0 = \frac{c}{\sqrt{1 + \dfrac{2Ba_1}{Y_{11}t}}} \tag{8.8}$$

式中，B 为水的体积弹性模量；a_1 为溢流环的内半径；t 为溢流环的壁厚；Y_{11} 为换能材料的横向杨式模量。

由式 (8.5) 和式 (8.8) 可得溢流环的液腔谐振角频率为

$$\omega_c = \frac{\Omega\dfrac{c}{\sqrt{1 + \dfrac{2Ba_1}{Y_{11}t}}}}{a_1} \tag{8.9}$$

式中，a_1 为溢流环的内半径；Ω 由式 (8.7) 求得。

8.1.2 溢流环换能器谐振频率的计算与分析

溢流环换能器由 PMN-PT 或者 PZT 换能材料构成，径向极化。溢流环的内半径 $a_1 = 0.1\text{m}$，壁厚 $t = 0.01\text{m}$，平均半径 $a = 0.105\text{m}$，高度 $h = 0.2\text{m}$。水中声速 $c = 1480\text{m/s}$，水的体积弹性模量 $B = 2.2 \times 10^9\text{N/m}^2$。

压电陶瓷 PZT 材料的横向杨氏模量 $Y_{11} = 74\times10^9\text{N/m}^2$，密度为 $\rho = 7600\text{kg/m}^3$。弛豫铁电单晶电致伸缩 PMN-PT 材料的横向杨式模量 $Y_{11} = 15.3\times10^9\text{N/m}^2$，密度 $\rho = 8000\text{kg/m}^3$。利用式 (8.1) 可以计算两种材料构成的溢流环换能器的径向谐振频率，利用式 (8.7) 和式 (8.9) 可以计算两种材料构成的溢流环换能器的液腔谐振频率，计算结果如表 8.1 所示。从表 8.1 可以看出，在相同尺寸的条件下，由 PMN-PT 材料构成的溢流环换能器的谐振频率比由 PZT 材料构成的溢流环换能器的谐振频率要低得多，径向谐振频率降低了 2634Hz，液腔谐振频率降低了 690Hz。这是由于 PMN-PT 材料的杨氏模量比 PZT 材料的杨氏模量低。由此可见，PMN-PT 材料有利于降低溢流环换能器的谐振频率。

表 8.1   溢流环换能器的径向谐振频率和液腔谐振频率

参数	PZT	PMN-PT
横向杨氏模量 $Y_{11}/(\text{N/m}^2)$	74×10^9	15.3×10^9
径向谐振频率/Hz	4730	2096
液腔谐振频率/Hz	1923	1233

8.2   空气中溢流环换能器的有限元建模与计算

8.2.1   换能器轴对称有限元模型建立

由于溢流环换能器在结构上是上下对称的, 并且是轴对称的, 建立溢流环换能器上半部分的轴对称有限元模型。溢流环换能器由 PMN-PT 或者 PZT 换能材料构成, 径向极化。溢流环的内半径 $a_1 = 0.1\text{m}$, 壁厚 $t = 0.01\text{m}$, 平均半径 $a = 0.105\text{m}$, 高度 $h = 0.2\text{m}$。在 ANSYS 软件中对溢流环换能器进行建模并进行有限元网格划分, 图 8.2 为溢流环换能器上半部分的轴对称有限元模型。对溢流环换能器进行有限元求解计算时, PMN-PT 或者 PZT 换能材料要给出密度、介电常数、压电常数和弹性常数, 在 ANSYS 软件中进行二维材料参数设定, 溢流环换能器材料单元用耦合场单元 PLANE13。

图 8.2   溢流环换能器上半部分的轴对称有限元模型

8.2.2   溢流环换能器空气中模态分析

在 ANSYS 软件中建立了溢流环换能器上半部分的轴对称有限元模型后, 设定材料属性和单元类型, 对模型施加对称边界条件, 然后就可以利用 ANSYS 软件中的模态分析功能进行求解。分别计算出由 PZT 材料和 PMN-PT 材料构成的溢流环换能器在空气中前三阶振动模态的谐振频率及其对应的振动形状。图 8.3 为由 PZT 材料构成的溢流环换能器在空气中的前三阶振动模态, 图 8.3(a)~(c) 分别为一阶至三阶振动模态。实线表示溢流环换能器振动产生形变时的位置，虚线表示溢流环换能器未发生形变时边沿的位置。一阶振动模态的谐振频率为 4782Hz，二阶振动模态的谐振频率为 6901Hz，三阶振动模态的谐振频率为 12444Hz。图 8.4 为由 PMN-PT 材料构成的溢流环换能器在空气中的前三阶振动模态，图 8.4(a)～(c) 分别为一阶至三阶振动模态。实线表示溢流环换能器振动产生形变时的位置，虚线表示溢流环换能器未发生形变时边沿的位置。一阶振动模态的谐振频率为 1969Hz，二阶振动模态的谐振频率为 3394Hz，三阶振动模态的谐振频率为 8606Hz。由计算结果可知，由 PZT 材料和 PMN-PT 材料构成的溢流环换能器的一阶振动模态的谐振频率与由理论公式计算得到的溢流环换能器的径向谐振频率差别不大。同样可以看到，在相同尺寸的条件下，由 PMN-PT 材料构成的溢流环换能器比由 PZT 材料构成的溢流环换能器的各阶振动模态的谐振频率要低得多，这是由于 PMN-PT

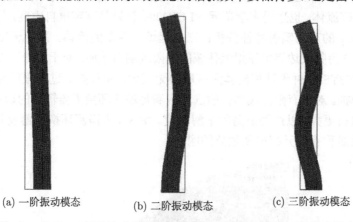

(a) 一阶振动模态　　　　(b) 二阶振动模态　　　　(c) 三阶振动模态

图 8.3　由 PZT 材料构成的溢流环换能器在空气中的前三阶振动模态

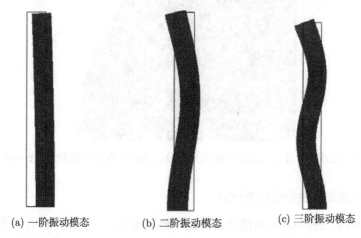

(a) 一阶振动模态　　　　(b) 二阶振动模态　　　　(c) 三阶振动模态

图 8.4　由 PMN-PT 材料构成的溢流环换能器在空气中的前三阶振动模态

材料比 PZT 材料的杨氏模量要低，所以 PMN-PT 材料有利于降低溢流环换能器的谐振频率。

8.3   水中溢流环换能器的有限元建模与计算

8.3.1   水中溢流环换能器轴对称有限元模型建立

溢流环换能器在水中时，换能器结构部分的二维轴对称有限元模型按 8.2.1 小节介绍的方法建立。溢流环换能器所在水域使用流体单元进行建模，所加流体包含三部分：一是与溢流环换能器结构接触的流体，采用声学单元 FLUID29，具有位移自由度和声压自由度，用于流固耦合分析，在分析过程中指定溢流环换能器结构单元与流体单元间的流固接触界面来考虑溢流环换能器与水间的流固耦合作用；二是外部流体，也采用声学单元 FLUID29，但只具有声压自由度，用于溢流环换能器在水中的声场辐射特性分析；三是远场边界上的流体，采用无限声学单元 FLUID129 作为吸收边界来模拟流体域的无限远辐射效应。对于溢流环换能器的流体分析，ANSYS 软件无法将流体区域取得无限大，而只能通过有限区域加无限吸声单元来模拟。对于有限区域半径的选取应满足溢流环换能器辐射的远场条件，并且尽可能取得更大，以达到更高的求解精度。图 8.5 为溢流环换能器及其流体域上半部分的轴对称有限元模型及划分的网格。

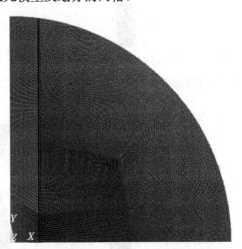

图 8.5   溢流环换能器及其流体域上半部分的轴对称有限元模型及划分的网格

8.3.2   水中溢流环换能器导纳计算

在 ANSYS 软件中利用所建立的溢流环换能器在水中的轴对称有限元模型，设定材料属性和单元类型，溢流环换能器由 PMN-PT 或者 PZT 换能材料构成，径向极化。在对模型施加对称边界条件后,对溢流环换能器进行谐波分析。在溢流环换能器的内外壁上施加电压,对溢流环换能器施加 1V 的电压。

当用 ANSYS 软件对溢流环换能器进行谐波响应分析来计算溢流环换能器的导纳时,需要指定一定形式的阻尼。通常只考虑常数阻尼的作用,通过输入适当的常数阻尼系数来替代所有阻尼对溢流环换能器的影响。可根据换能器的实际情况来调整常数阻尼系数的大小。

在 ANSYS 软件中通过对水中溢流环换能器的谐波分析计算溢流环换能器的导纳,常数阻尼系数选为 0.12。图 8.6 为由 PZT 材料构成的溢流环换能器在水中的导纳曲线。图 8.7 为由 PMN-PT 材料构成的溢流环换能器在水中的导纳曲线。图 8.6 和图 8.7 中横坐标为频率,纵坐标为导纳,实线代表电导,虚线代表电纳。从图 8.6 和图 8.7 中可以看出,由 PMN-PT 材料构成的溢流环换能器的导纳比由 PZT 材料构成的溢流环换能器的导纳要大些。另外,由有限元方法计算得到的溢流环换能器在水中的导纳曲线还可以得到溢流环换能器在水中振动时的谐振频率。根据电导曲线的峰值,可以得到由 PZT 材料构成的溢流环换能器在水中的一阶谐振频率为 1850Hz,由 PMN-PT 材料构成的溢流环换能器在水中的一阶谐振频率为 950Hz。这与由理论公式计算得到的溢流环换能器的液腔谐振频率差别不大。由此可见,在相同尺寸的条件下,由 PMN-PT 材料构成的溢流环换能器比由 PZT 材料构成的溢流环换能器在水中的液腔谐振频率要低得多,这也是由于 PMN-PT 材料的杨氏模量比 PZT 材料的杨氏模量要低。由此可见,PMN-PT 材料有利于降低溢流环换能器在水中工作时的谐振频率。

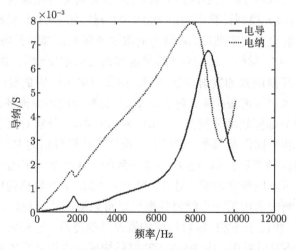

图 8.6 由 PZT 材料构成的溢流环换能器在水中的导纳曲线

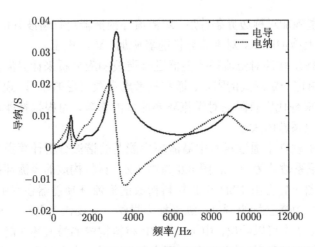

图 8.7   由 PMN-PT 材料构成的溢流环换能器在水中的导纳曲线

8.3.3   水中溢流环换能器声辐射特性计算

在 ANSYS 软件中可以利用所建立的溢流环换能器在水中的轴对称有限元模型，通过对溢流环换能器的谐波分析计算溢流环换能器在水中的声辐射特性。常数阻尼系数还是选为 0.12，可以利用有限元模型计算溢流环换能器的发射电压响应。

在 ANSYS 软件中提取出不同频率下溢流环换能器在施加一定电压下，与溢流环径向方向一致的声轴方向上的远场辐射声压值，即可计算出换能器的发射电压响应。图 8.8 为用有限元模型计算出的由 PMN-PT 材料和 PZT 材料构成的溢流环换能器在水中的发射电压响应曲线，声轴方向取溢流环换能器的径向方向。图 8.8 中实线代表由 PMN-PT 材料构成的溢流环换能器的发射电压响应，虚线代表由 PZT 材料构成的溢流环换能器的发射电压响应。由发射电压响应曲线的峰值可以得到溢流环换能器在水中的谐振频率。对于由 PZT 材料构成的溢流环换能器，发射电压响应曲线的两个峰值频率分别为 1900Hz 和 4950Hz，分别对应于溢流环换能器的液腔谐振频率和径向谐振频率，这与由理论公式计算得到的 PZT 材料的溢流环换能器的液腔谐振频率和径向谐振频率是一致的，这两个频率的耦合使得溢流环换能器的发射电压响应带宽很宽。另外，对于由 PMN-PT 材料构成的溢流环换能器，由发射电压响应曲线第一个峰值频率可以得到溢流环换能器的液腔谐振频率在 1000Hz 左右。相比于 PZT 材料构成的溢流环换能器，液腔谐振频率降低了很多。由计算结果还可以看出，由 PMN-PT 材料构成的溢流环换能器的发射电压响应普遍高于由 PZT 材料构成的溢流环换能器。这是由于 PMN-PT 材料的机电耦合系数和压电常数比 PZT 材料的要高很多。由 PMN-PT 材料构成的溢流环换能器最大的发射电压响应为 148.4dB，在 4100Hz 频率处取得。而由 PZT 材料构成的溢流环换能器最大的发射电压响应为 137.5dB，在 4950Hz 频率处取得。PMN-PT 材料比 PZT 材料的溢流环换能器的最大发射电压响应要高 10.9dB。

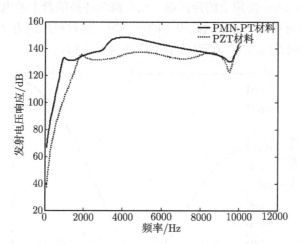

图 8.8　由 PMN-PT 材料和 PZT 材料构成的溢流环换能器在水中的发射电压响应曲线

在 ANSYS 软件中提取出溢流环换能器在距离其声中心一定距离圆周上的辐射声压值，即可计算出溢流环换能器的辐射指向性。图 8.9 为用有限元模型计算出的由 PZT 材料构成的溢流环换能器在谐振频率 1900Hz 下垂直平面内距离中心 0.5m 圆周上的声压级。加在溢流环换能器上的电压为 1000V，计算出距离溢流环中心 0.5m 远圆周上的声压级。由于溢流环换能器模型为上下对称的轴对称模型，所以只计算了垂直平面内 0°~90° 的声压级，辐射声压级为 195.49~201.76dB，

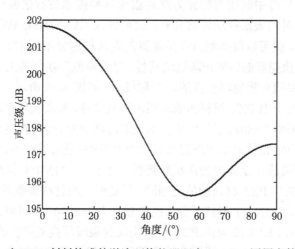

图 8.9　由 PZT 材料构成的溢流环换能器距中心 0.5m 圆周上的声压级

参考声压为 1μPa，以下如无特别说明，计算声压级的参考声压都为 1μPa。径向方向为 0° 方向，垂直于径向的方向为 90° 方向，以下称为垂直方向。图 8.10 为用有限元模型计算出的由 PMN-PT 材料构成的溢流环换能器在谐振频率 1000Hz 下垂直平面内距离中心 0.5m 圆周上的声压级。加在溢流环换能器上的电压也为 1000V，计算出距离溢流环中心 0.5m 远圆周上的声压级。辐射声压级为 196.6~201.3dB。与前面一样，径向方向为 0° 方向，垂直方向为 90° 方向。

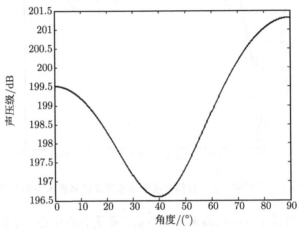

图 8.10   由 PMN-PT 材料构成的溢流环换能器距中心 0.5m 圆周上的声压级

8.4   水中溢流环换能器的边界元建模与计算

在 ANSYS 软件中利用有限元方法对溢流环换能器进行谐波分析可以得到换能器在水中振动时的表面振动位移分布，数据导入 SYSNOISE 软件的溢流环换能器边界元模型中，就可以得到溢流环换能器的表面振速分布，然后可以利用边界元法来计算溢流环换能器的辐射声场远场特性。建立溢流环换能器上半部分的轴对称边界元模型，即溢流环换能器表面的轴对称模型，如图 8.11 所示，换能器的具体尺寸与前面相同。对于由 PZT 材料构成的溢流环换能器，对溢流环换能器施加 1000V 的电压，在谐振频率 1900Hz 下按照前面所述的方法进行计算。在得到溢流环换能器的表面振速后，设定流体密度和声速及对称边界条件，就可以在 SYSNOISE 软件中用边界元法计算溢流环换能器的声辐射特性。对于由 PMN-PT 材料构成的溢流环换能器，计算方法与 PZT 材料的情况相同，只是设定的材料参数不一样，分析的谐振频率也不一样，PMN-PT 材料下分析的谐振频率为 1000Hz，对溢流环换能器施加的电压仍为 1000V。图 8.12 为由 PZT 材料构成的溢流环换能器在谐振频率 1900Hz 下垂直平面内距离中心 0.5m 圆周上的声压级，边界元模型计算值与有限元模型计算值进行比较。图 8.12 中实线代表用边界元模型计算值，虚线代表用有限元模型计算值。由于溢流环换能器模型为上下对称的轴对称模型，所以只计算垂直平面内 0°～90° 的辐射声压级，径向方向为 0° 方向，垂直方向为 90° 方向，原点 O 为溢流环的中心。用有限元方法计算得到的声压级为 195.49～201.76dB，而用边界元法计算得到的声压级为 195.63～201.87dB。可见，用边界元法计算结果与用有限元方法计算结果十分一致，它们之间最大相差 0.14dB，这是由建模过程中的误差引起的。图 8.13 为由 PMN-PT 材料构成的溢流环换能器在谐振频率 1000Hz 下垂直平面内距离中心 0.5m 圆周上的声压级，边界元模型计算值与有限元模型计算值进行比较，实线代表用边界元模型计算值，虚线代表用有限元模型计算值。用有限元方法计算得到

图 8.11　溢流环换能器上半部分的轴对称边界元模型

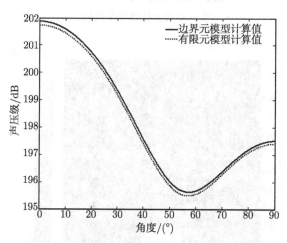

图 8.12　由 PZT 材料构成的溢流环换能器距中心 0.5m 圆周上的声压级边界元计算结果与有限元计算结果比较

的声压级为 196.6~201.3dB, 而用边界元法计算得到的声压级为 197.01~201.45dB。可见, 用边界元法计算结果与用有限元方法计算结果也很一致, 它们之间最大相差 0.41dB, 这也是由建模过程中的误差引起的。图 8.14 为由 PZT 材料构成的溢流环换能器在谐振频率 1900Hz 下垂直平面内的近场声压分布, 由边界元模型计算得到。图 8.15 为由 PMN-PT 材料构成的溢流环换能器在谐振频率 1000Hz 下垂直平面内的近场声压分布, 也是由边界元模型计算得到。从图 8.14 和图 8.15 可以看出, 溢流环换能器内部液腔中的声压最大, 到外围水域声压逐渐减小, 垂直方向声压减小得快些, 径向方向声压减小得慢些。

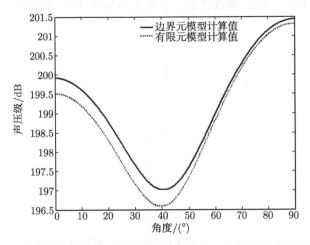

图 8.13　由 PMN-PT 材料构成的溢流环换能器距中心 0.5m 圆周上的声压级边界元计算结果与有限元计算结果比较

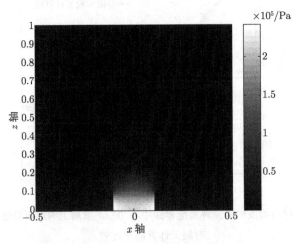

图 8.14　由 PZT 材料构成的溢流环换能器在垂直平面内近场声压分布

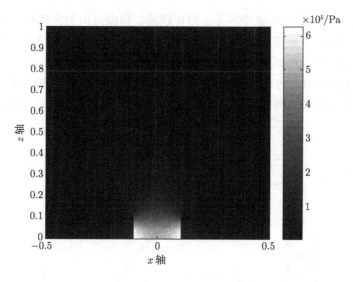

图 8.15　由 PMN-PT 材料构成的溢流环换能器在垂直平面内近场声压分布

可以在 SYSNOISE 软件中利用边界元法计算溢流环换能器的远场指向性。图 8.16 为由 PZT 材料构成的溢流环换能器在谐振频率 1900Hz 下垂直平面内距离中心 10m 圆周上的声压按球面波规律折算到 1m 圆周上的声压级，由边界元模型计算得到，对溢流环换能器施加的电压仍为 1000V。与前面一样，径向方向为 0° 方向，垂直方向为 90° 方向。图 8.17 为由 PZT 材料构成的溢流环换能器在谐振频率 1900Hz 下垂直平面内 360° 圆周上的远场指向性。它是由边界元模型计算得到的距离溢流环中心 10m 圆周上的声压求得的。由图 8.16 和图 8.17 可知，溢流环换能器的远场指向性与近场指向性很不一样，在近场，径向方向的声压级与垂直方向的声压级差不多，但在远场，径向方向的声压级比垂直方向的声压级要高很多，从而使得溢流环换能器在垂直平面内形成指向性。对于距离溢流环中心 10m 圆周上的声压按球面波规律折算到 1m 圆周上的声压级，0° 方向即径向方向声压级最大，为 196.2dB，75.5° 方向声压级最小，为 172.4dB，90° 方向即垂直方向声压级为 175.5dB。还可以计算出由 PZT 材料构成的溢流环换能器在谐振频率 1900Hz 下垂直平面内的 3dB 波束宽度，为 63.6°。图 8.18 为由 PMN-PT 材料构成的溢流环换能器在谐振频率 1000Hz 下垂直平面内距离中心 10m 圆周上的声压按球面波规律折算到 1m 圆周上的声压级，由边界元模型计算得到，对溢流环换能器施加的电压仍为 1000V。图 8.19 为由 PMN-PT 材料构成的溢流环换能器在谐振频率 1000Hz 下垂直平面内 360° 圆周上的远场指向性，由边界元模型计算得到的距离溢流环中心 10m 圆周上的声压求得。由图 8.18 和图 8.19 得到的结论与 PZT 材料的情况一样，溢流环换能器的远场指向性与近场的指向性很不一样，在近场，径向方向跟垂直方向的声压级差不多，但在远场，径向方向的声压级比垂直方向的声压级要高很多，从而形成垂直指向性。对于远场声压按球面波规律折算到 1m 圆周上的声压级，0° 方向即径向方向声压级最大，为 194.8dB，81.4° 方向声压级最小，为 170.16dB，90° 方向即垂直方向声压级为 170.8dB。还可以计算出由 PMN-PT 材料构成的溢流环换能器在谐振频率 1000Hz 下垂直平面内的 3dB 波束宽度，为 64.6°。

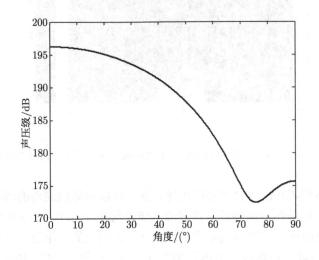

图 8.16　由 PZT 材料构成的溢流环换能器远场折算到距中心 1m 圆周上的声压级

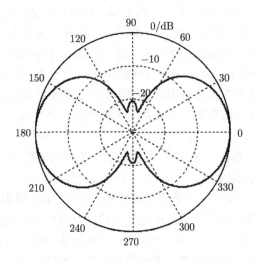

图 8.17　由 PZT 材料构成的溢流环换能器的远场垂直指向性

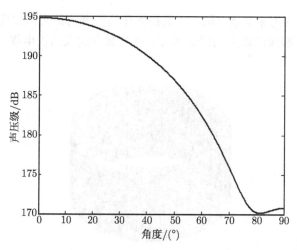

图 8.18 由 PMN-PT 材料构成的溢流环换能器远场折算到距中心 1m 圆周上的声压级

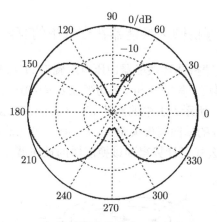

图 8.19 由 PMN-PT 材料构成的溢流环换能器的远场垂直指向性

8.5 溢流式镶拼圆环换能器结构

溢流式镶拼圆环换能器是一种可实现低频、宽带、大功率工作的换能器结构。它可以简单地描述成中空的圆管结构，中间是可以自由流动的液体，充满了海水等流体介质。当溢流环在水中工作时，通过施加电压来激励溢流环换能器产生某种形式的振动，从而进一步激励溢流环的液腔发生相同频率的振动，因为液腔的固有频率比较低，所以溢流环可在较低的频率上向外辐射出声能量。溢流环可以是单个径向极化的压电圆管，但是由于烧结工艺的限制，制作出大尺寸的压电圆管比较困难，人们通常采用若干切向极化的压电陶瓷条混合适当的金属条镶拼成圆管，并且在周向施加预应力来实现。溢流式镶拼圆环换能器的结构图如图 8.20 所示。这种镶拼结构可以制成比较大的圆管尺寸，并且具有较大的机电耦合系数和发射功率 [151,157]。

图 8.20　溢流式镶拼圆环换能器结构图

8.6　溢流式镶拼圆环换能器在空气中的有限元建模计算

本书设计的溢流式镶拼圆环换能器由压电陶瓷 PZT 材料构成。该圆环换能器内半径 $r_1 = 0.075$m，厚度 $t = 0.008$m，平均半径 $a = 0.079$m，高度 $h = 0.078$m，结构尺寸示意图如图 8.21 所示。水中的声速 $c = 1480$m/s，水的体积弹性模量 $B = 2.2 \times 10^9$N/m^2，压电陶瓷的横向杨氏模量 $Y_{11} = 74 \times 10^9$N/m^2，密度 $\rho = 7600$kg/m^3。由 8.2.1 小节中的理论公式可计算得到该换能器的径向谐振频率为 6.82kHz，液腔谐振频率为 4.12kHz。

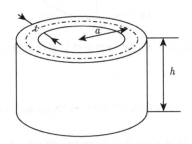

图 8.21　溢流式镶拼圆环换能器结构尺寸示意图

本节所设计的溢流式镶拼圆环换能器由 36 个梯形压电陶瓷条拼接而成，压电陶瓷条的极化方向沿圆周切线方向。该换能器在结构上是上下对称的，并且是轴对称的，可建立圆环的两个 1/10 部分的三维模型，即两个梯形压电陶瓷条的模型，并且只建立上半部分的模型，如图 8.22 所示，模型进行了有限元网格划分，然后在模型的下边界面及左右两侧边界面施加对称边界条件来计算换能器的发射性能。

溢流式镶拼圆环换能器内半径 $r_1 = 75\text{mm}$，厚度 $t = 8\text{mm}$，外半径 $r_2 = 83\text{mm}$，高度 $h = 78\text{mm}$。溢流式镶拼圆环换能器由压电陶瓷 PZT 材料构成。在用 ANSYS 软件进行建模时，压电陶瓷材料需要给出密度、介电常数、压电常数和弹性常数，分别按前面介绍的方法进行设定，压电单元用三维耦合场单元 SOLID5。

在 ANSYS 软件中通过对空气中溢流式镶拼圆环换能器的谐波分析计算该换能器的导纳，常数阻尼系数选为 0.04，在溢流式镶拼圆环换能器镶拼条的两侧施加 1V 的电压进行计算。仿真计算出来的溢流式镶拼圆环换能器在空气中的导纳曲线如图 8.23 所示。由导纳曲线可知，此换能器的谐振频率在 6.3kHz 左右，与前面理论公式计算的换能器的径向谐振频率接近。

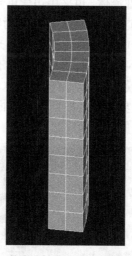

图 8.22 溢流式镶拼圆环换能器三维模型

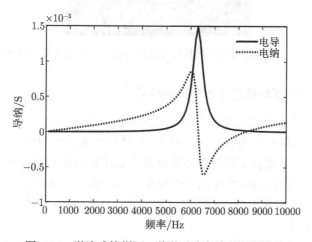

图 8.23 溢流式镶拼圆环换能器空气中的导纳曲线

8.7   溢流式镶拼圆环换能器在水中的有限元建模计算

8.7.1   溢流式镶拼圆环换能器水中的三维有限元模型

溢流式镶拼圆环换能器在水中时，换能器结构部分的三维有限元模型按前面介绍的方法建立。该换能器所在水域使用三维流体单元进行建模，所加流体包含三部分：一是与溢流式镶拼圆环换能器结构接触的流体，采用声学单元 FLUID30，具有位移自由度和声压自由度，用于流固耦合分析，在分析过程中指定溢流式镶拼圆环换能器结构单元与流体单元间的流固接触界面来考虑溢流式镶拼圆环换能器与水间的流固耦合作用；二是外部流体，也采用声学单元 FLUID30，但只具有声压自由度，用于溢流式镶拼圆环换能器在水中的声场辐射特性分析；三是远场边界上的流体，采用无限声学单元 FLUID130，作为吸收边界来模拟流体域的无限远辐射效应。图 8.24 为溢流式镶拼圆环换能器在水中的三维有限元模型及网格，建立的是圆环的两个 1/10 部分的三维模型及其对应的外部水域的模型，并且只建立上半部分的模型，同样在模型的下边界面及左右两侧边界面上施加对称边界条件来计算溢流式镶拼圆环换能器在水中的发射性能。

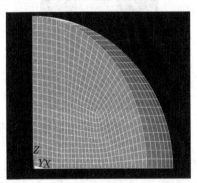

图 8.24   溢流式镶拼圆环换能器在水中的三维有限元模型及网格

8.7.2   溢流式镶拼圆环换能器水中导纳计算

在 ANSYS 软件中通过对水中溢流式镶拼圆环换能器的谐波分析计算该换能器的导纳，常数阻尼系数选为 0.12，同样在圆环镶拼条的两侧施加 1V 的电压进行计算。所计算出来的溢流式镶拼圆环换能器在水中的导纳曲线如图 8.25 所示。由导纳曲线可知，此换能器在水中的谐振频率为 3.6kHz 和 7.0kHz，分别为溢流式镶拼圆环换能器的液腔谐振频率和径向谐振频率，与式 (8.1) 和式 (8.9) 计算的换能器的谐振频率接近。

在对溢流式镶拼圆环换能器进行谐波分析时，常数阻尼系数的选取影响着分析的结果, 需要根据该换能器的实际情况进行调整, 空气中和水中的常数阻尼系数不一样, 通常水中的常数阻尼系数更大些, 常数阻尼系数的选取对换能器的谐振频率影响较小。

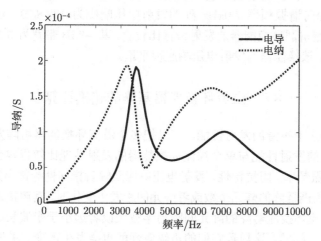

图 8.25　溢流式镶拼圆环换能器水中的导纳曲线

8.7.3　溢流式镶拼圆环换能器水中发射电压响应计算

在 ANSYS 软件中利用所建立的溢流式镶拼圆环换能器在水中的三维有限元模型, 通过对溢流式镶拼圆环换能器的谐波分析计算该换能器在水中的声辐射特性, 常数阻尼系数还是选为 0.12。图 8.26 为利用有限元模型计算得到的溢流式镶拼圆环换能器在水中的发射电压响应曲线。由图 8.26 可知, 此换能器在水中的

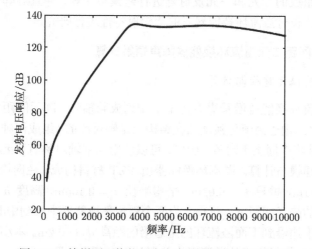

图 8.26　镶拼圆环换能器在水中的发射电压响应曲线

发射电压响应曲线峰值对应的频率为 3.8kHz 和 7.0kHz，分别为溢流式镶拼圆环换能器的液腔谐振频率和径向谐振频率，与前面的理论公式计算的换能器的谐振频率接近。仿真计算得到此换能器在液腔谐振频率 3.8kHz 处的发射电压响应为 134.6dB，在径向谐振频率 7.0kHz 处的发射电压响应为 133.8dB。由计算结果可知，该溢流式镶拼圆环换能器的发射带宽比较宽，其 −3dB 带宽为 5.1kHz，频率为 3400~8500Hz，该换能器的发射电压响应很平坦。

8.8   溢流环换能器基阵的建模计算

为了提高水下声源的发射性能，可以把多个溢流环换能器组阵发射。溢流环换能器组阵后的发射性能与单个溢流环换能器的发射性能比较肯定会产生一些变化，包括其谐振频率、阻抗特性、发射电压响应及辐射指向性等都会发生改变。另外，当溢流环换能器阵的阵元个数或者阵元间距发生变化时，其声辐射特性也会随着变化。当溢流环换能器阵的阵元间距为半波长或者远小于半波长时，阵元间的相互作用是不一样的，这导致它们的声辐射性能也会发生改变。溢流环换能器阵的阵元间距越小，阵元间的相互作用越强，声辐射性能的变化情况也越复杂。可以利用有限元模型结合边界元模型来对溢流环换能器阵进行建模与计算，对不同阵元数和不同阵元间距的溢流环换能器阵的声辐射特性进行研究。由于目前普遍使用的溢流环换能器主要由压电陶瓷 PZT 材料构成，所以主要对由 PZT 材料构成的溢流环换能器组成的发射阵进行建模与计算，但该建模与计算的方法也适用于 PMN-PT 等其他材料构成的换能器。本书主要侧重于对溢流环换能器组阵后较单个阵元的性能变化进行研究。利用有限元方法结合边界元法对由 PZT 材料构成的溢流环换能器组成的二元和三元发射阵进行建模与计算，并且对阵元间距为半波长和远小于半波长时溢流环换能器阵的声辐射特性进行研究。

8.8.1   半波长间距二元溢流环换能器阵声辐射计算

1. 轴对称有限元建模与计算

把两个溢流环换能器沿垂直方向上下排列成同轴阵，阵元间距为工作在谐振频率时的半波长。由于溢流环换能器在结构上是轴对称的，组成同轴阵后也是轴对称的，并且沿基阵中间上下对称。所以，可以利用二维轴对称有限元模型对溢流环换能器阵进行建模与计算。溢流环换能器由 PZT 材料构成，径向极化。溢流环的内半径 $a_1 = 0.1\text{m}$，壁厚 $t = 0.01\text{m}$，平均半径 $a = 0.105\text{m}$，高度 $h = 0.2\text{m}$，两个溢流环换能器的阵元间距 $d = 0.4\text{m}$，为两个溢流环换能器中心到中心之间的距离。上面溢流环的下边沿到下面溢流环的上边沿的距离 $d_0 = 0.2\text{m}$。本小节进行分析计算的频率为 PZT 材料构成的溢流环换能器的谐振频率，即 1900Hz，这样两个换能

器中心到中心之间的间距近似为半波长。图 8.27 为阵元间距为半波长的二元溢流
环换能器阵的三维结构图。在 ANSYS 软件中对溢流环换能器阵及水域进行二维
轴对称有限元建模并进行有限元网格划分,图 8.28 为阵元间距为半波长的二元溢
流环换能器阵及其流体域上半部分的轴对称有限元模型及划分的网格。当对溢流
环换能器阵进行有限元求解计算时,PZT 材料要给出密度、介电常数、压电常数和
弹性常数,在 ANSYS 软件中进行二维材料参数设定,PZT 材料单元用耦合场单
元 PLANE13。溢流环换能器阵所在水域使用流体单元进行建模,流体域的半径在
1m 以上。所加流体包含三部分:一是与溢流环换能器阵结构接触的流体,采用声
学单元 FLUID29,具有位移自由度和声压自由度,用于流固耦合分析,在分析过程
中指定溢流环换能器阵结构单元与流体单元间的流固接触界面来考虑换能器阵与
水间的流固耦合作用;二是外部流体,也采用声学单元 FLUID29,但只具有声压自
由度,用于溢流环换能器阵在水中的声场辐射特性分析;三是远场边界上的流体,
用无限声学单元 FLUID129 作为吸收边界来模拟流体域的无限远辐射效应。对于
溢流环换能器阵的流体分析,ANSYS 软件无法将流体区域取得无限大,而只能通
过有限区域加无限吸声单元来模拟。

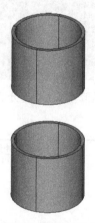

图 8.27 二元溢流环换能器阵的三维结构图

在 ANSYS 软件中通过对水中阵元间距为半波长的二元溢流环换能器阵的谐
波分析计算溢流环换能器阵的导纳,常数阻尼系数选为 0.12。图 8.29 为阵元间距为
半波长的二元溢流环换能器阵在水中的导纳曲线,包括二元溢流环换能器阵的导
纳与单个溢流环换能器的导纳比较。其中,实线表示二元溢流环换能器阵的导纳,
虚线表示单个溢流环换能器的导纳乘以 2 倍。从图 8.29 中可以看出,阵元间距为
半波长的二元溢流环换能器阵在水中的导纳与单个溢流环换能器导纳的 2 倍大小
差不多,在谐振频率附近有些许差别。根据电导曲线的峰值,可以得到溢流环换能
器及二元溢流环换能器阵在水中的一阶谐振频率,单个溢流环换能器谐振频率为

1850Hz 左右，二元溢流环换能器阵谐振频率为 1800Hz 左右。在 ANSYS 软件中提取出不同频率下溢流环换能器阵在施加一定电压下，经过二元溢流环换能器阵中心且与溢流环径向方向一致的声轴方向上的远场辐射声压值，即可计算出溢流环换能器阵的发射电压响应。图 8.30 为用有限元模型计算出的阵元间距为半波长的二元溢流环换能器阵在水中的发射电压响应曲线，包括二元溢流环换能器阵与单个溢流环换能器的发射电压响应比较。其中，实线代表二元溢流环换能器阵的发射电压响应，虚线代表单个溢流环换能器的发射电压响应。从图 8.30 中可以看出，阵元间距为半波长的二元溢流环换能器阵的发射电压响应比单个溢流环换能器的发射电压响应普遍要高 4~5dB。根据发射电压响应曲线的峰值，间距为半波长的二元溢流

图 8.28 二元溢流环换能器阵及其流体域上半部分的轴对称有限元模型及划分的网络

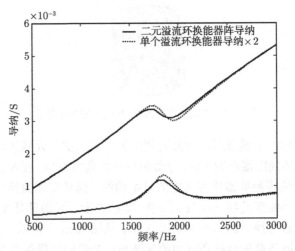

图 8.29 二元溢流环换能器阵在水中的导纳曲线

环换能器阵的谐振频率为 1900Hz，该频率下二元溢流环换能器阵的发射电压响应为 139.9dB，相同频率下单个溢流环换能器的发射电压响应为 135.7dB，前者比后者要高 4.2dB。

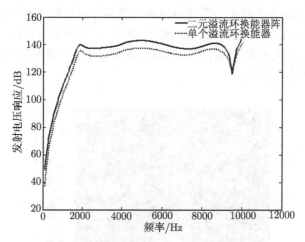

图 8.30　二元溢流环换能器阵在水中的发射电压响应

2. 轴对称边界元建模与计算

在 ANSYS 软件中利用有限元方法对溢流环换能器阵进行谐波分析可以得到溢流环换能器阵在水中振动时的表面振动位移分布，数据导入 SYSNOISE 软件溢流环换能器阵的边界元模型中，就可以得到溢流环换能器阵的表面振速分布，然后可以利用边界元法来计算溢流环换能器阵的辐射声场远场特性。建立阵元间距为半波长的二元溢流环换能器阵上半部分的轴对称边界元模型，即溢流环换能器阵表面的轴对称模型，如图 8.31 所示，溢流环换能器阵的具体尺寸与前面相同。对

图 8.31　二元溢流环换能器阵上半部分的轴对称边界元模型

两个溢流环换能器同时施加 1000V 的电压，在频率 1900Hz 下按照上面所述的方法进行计算，得到溢流环换能器阵的表面振速后，设定流体密度和声速及对称边界条件，就可以在 SYSNOISE 软件中用边界元法计算溢流环换能器阵的声辐射特性。图 8.32 为阵元间距为半波长的二元溢流环换能器阵在频率 1900Hz 下垂直平面内的近场声压分布，由边界元模型计算得到。从图 8.32 中可以看出，溢流环换能器阵内部液腔中的声压最大，到外围水域声压逐渐减小，垂直方向声压减小得快些，径向方向声压减小得慢些。

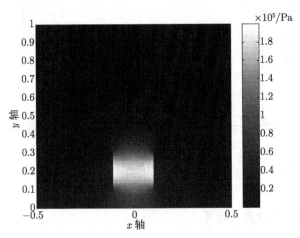

图 8.32　二元溢流环换能器阵在垂直平面内的近场声压分布

　　本书在 SYSNOISE 软件中利用边界元法计算溢流环换能器阵的远场指向性。图 8.33 为阵元间距为半波长的二元溢流环换能器阵在频率 1900Hz 下垂直平面内距离阵中心 100m 圆周上的声压按球面波规律折算到 1m 圆周上的声压级，包括二元溢流环换能器阵与单个溢流环换能器的辐射声压级比较。对二元溢流环换能器阵和单个溢流环换能器施加的电压均为 1000V。径向方向为 0° 方向，垂直方向为 90° 方向，原点为二元溢流环换能器阵的中心。图 8.34 为由阵元间距为半波长的二元溢流环换能器阵在频率 1900Hz 下垂直平面内 360° 圆周上的远场指向性，包括二元溢流环换能器阵与单个溢流环换能器的指向性比较。它是由边界元模型计算得到的距离二元溢流环换能器阵及单个溢流环换能器中心 100m 圆周上的声压求得的。由图 8.33 和图 8.34 可知，阵元间距为半波长的二元溢流环换能器阵和单个溢流环换能器都是在与溢流环径向方向一致的声轴方向上的声压最大，往垂直方向的声压越来越小，垂直方向的声压相对于径向的声压很小。二元溢流环换能器阵声轴方向的声压级为 200.6dB，单个溢流环换能器声轴方向的声压级为 196.2dB，比二元溢流环换能器阵声轴方向的声压级小了 4.4dB。阵元间距为半波长的二元溢流环换能器阵有垂直指向性，而且比单个溢流环换能器的垂直指向性要尖锐。单个溢流环换能器垂直指向性的 3dB 波束宽度为 63.6°，而阵元间距为半波长的二元溢流环换能器阵垂直指向性的 3dB 波束宽度为 43.8°，比单个溢流环换能器的波束宽度窄了 19.8°。

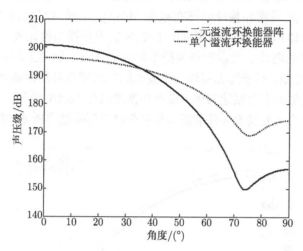

图 8.33 二元溢流环换能器阵远场折算到距中心 1m 圆周上的声压级

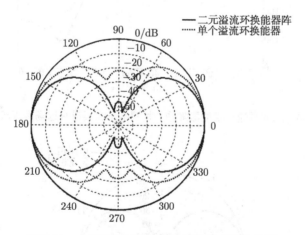

图 8.34 二元溢流环换能器阵远场垂直指向性图

上面计算的是阵元间距为半波长的二元溢流环换能器阵与单个溢流环换能器施加相同的电压 1000V 时的声辐射特性。下面计算二元溢流环换能器阵与单个溢流环换能器施加相同的振速时的声辐射特性，并与施加相同电压时的情况进行比较。首先提取出单个溢流环换能器在频率 1900Hz 下施加电压为 1000V 时的表面振速分布，再把与单个溢流环换能器相同的表面振速施加到两个溢流环换能器对应的节点上，然后在 SYSNOISE 软件中用边界元法计算其声辐射特性，分析频率仍然为 1900Hz。图 8.35 为阵元间距为半波长的二元溢流环换能器阵在频率 1900Hz 下垂直平面内距离阵中心 100m 圆周上的声压按球面波规律折算到 1m 圆周上的声压级，施加相同的电压和相同的振速时的辐射声压级比较。图 8.36 为由阵元间距为半波长的二元溢流环换能器阵在频率 1900Hz 下垂直平面内 360° 圆周上的远场指向性，施加相同的电压和相同的振速时的垂直指向性比较。指向性由边界元模型计算得到的距离二元溢流环换能器阵中心 100m 圆周上的声压求得。由图 8.35 和图 8.36 可知，对于阵元间距为半波长的二元溢流环换能器阵，当二元溢流环换能器阵所施加的表面振速与单个溢流环换能器在 1000V 电压下的振速相同时，其辐射声压级比当二元溢流环换能器阵与单个溢流环换能器所施加的电压相同，都

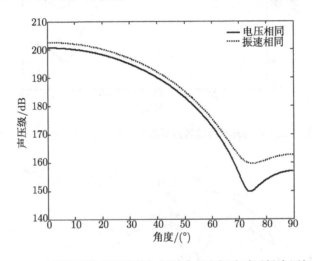

图 8.35   二元溢流环换能器阵施加相同电压和振速时远场声压级比较

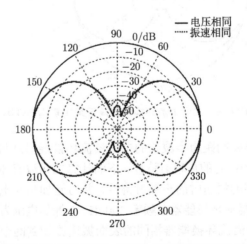

图 8.36   二元溢流环换能器阵施加相同电压和振速时远场垂直指向性比较

为 1000V 时的辐射声压级在声轴方向上下 70° 的主波束范围内要高 2dB 左右，而二者的垂直指向性基本上是一致的。二元溢流环换能器阵施加相同电压时的辐射声压级比施加相同振速时的辐射声压级要低一些，这是由于二元溢流环换能器阵之间的互辐射的影响，阵元间的互辐射阻抗使得相同电压激励下溢流环换能器的振速下降，从而辐射声压级降低。

8.8.2　半波长间距三元溢流环换能器阵声辐射计算

1. 轴对称有限元建模与计算

把三个溢流环换能器沿垂直方向排列成同轴阵，阵元间距为工作在谐振频率时的半波长。由于溢流环换能器在结构上是轴对称的，组成同轴阵后也是轴对称的，并且沿基阵中间上下对称。所以，可以利用二维轴对称有限元模型对溢流环换能器阵进行建模与计算。溢流环换能器由 PZT 材料构成，径向极化。溢流环的内半径 $a_1 = 0.1\text{m}$，壁厚 $t = 0.01\text{m}$，平均半径 $a = 0.105\text{m}$，高度 $h = 0.2\text{m}$，三个溢流环换能器相邻两个阵元之间的间距 $d = 0.4\text{m}$，为两个阵元中心到中心之间的距离。上面一个溢流环的下边沿到下面一个溢流环的上边沿的距离 $d_0 = 0.2\text{m}$。本小节进行分析计算的频率为 PZT 材料构成的溢流环换能器的谐振频率，为 1900Hz，这样相邻两个溢流环换能器中心到中心之间的间距近似为半波长。图 8.37 为阵元间距为半波长的三元溢流环换能器阵的三维结构图。在 ANSYS 软件中对溢流环换能器阵及水域进行二维轴对称有限元建模。当对溢流环换能器阵进行有限元求解计算时，PZT 材料要给出密度、介电常数、压电常数和弹性常数，在 ANSYS 软件中进行二维材料参数设定，PZT 材料单元用耦合场单元 PLANE13。溢流环换能器阵所在水域使用流体单元进行建模，流体域的半径在 1m 以上。

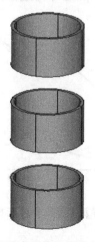

图 8.37　三元溢流环换能器阵的三维结构图

在 ANSYS 软件中通过对水中阵元间距为半波长的三元溢流环换能器阵的谐波分析计算溢流环换能器阵的导纳，常数阻尼系数选为 0.12。图 8.38 为阵元间距为半波长的三元溢流环换能器阵在水中的导纳曲线，包括三元溢流环换能器阵的导纳与单个溢流环换能器的导纳比较。其中，实线表示三元溢流环换能器阵的导纳，虚线表示单个溢流环换能器的导纳乘以 3 倍。

从图 8.38 中可以看出，阵元间距为半波长的三元溢流环换能器阵在水中的导纳与单个溢流环换能器导纳的 3 倍大小差不多，在谐振频率附近有些许差别。根据电导曲线的峰值，可以得到溢流环换能器及三元溢流环换能器阵在水中的一阶谐振频率，单个溢流环换能器谐振频率为 1850Hz 左右，三元溢流环换能器阵谐振频率为 1800Hz 左右。在 ANSYS 软件中提取出不同频率下溢流环换能器阵在施加一定电压下，经过三元溢流环换能器阵中心且与溢流环径向方向一致的声轴方向上的远场辐射声压值，即可计算出溢流环换能器阵的发射电压响应。图 8.39 为用有限元模型计算出的阵元间距为半波长的三元溢流环换能器阵在水中的发射电压响应曲线，包括三元溢流环换能器阵与单个溢流环换能器的发射电压响应比较。其中，实线代表三元溢流环换能器阵的发射电压响应，虚线代表单个溢流环换能器的发射电压响应。从图 8.39 中可以看出，阵元间距为半波长的三元溢流环换能器阵的发射电压响应比单个溢流环换能器的发射电压响应普遍要高 7~9dB。根据发射电压响应曲线的峰值，半波长间距的三元溢流环换能器阵的谐振频率为 1900Hz，该频率下三元溢流环换能器阵的发射电压响应为 143.4dB，相同频率下单个溢流环换能器的发射电压响应为 135.7dB，前者比后者要高 7.7dB。

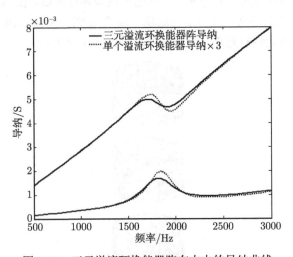

图 8.38   三元溢流环换能器阵在水中的导纳曲线

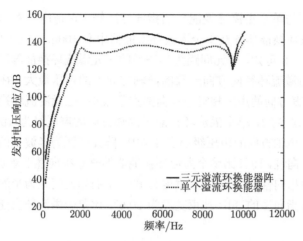

图 8.39　三元溢流环换能器阵在水中的发射电压响应曲线

2. 轴对称边界元建模与计算

在 ANSYS 软件中利用有限元方法对溢流环换能器阵进行谐波分析可以得到溢流环换能器阵在水中振动时的表面振动位移分布, 数据导入 SYSNOISE 软件的溢流环换能器阵的边界元模型中, 就可以得到溢流环换能器阵的表面振速分布, 然后可以利用边界元法来计算溢流环换能器阵的辐射声场远场特性。建立阵元间距为半波长的三元溢流环换能器阵上半部分的轴对称边界元模型, 即溢流环换能器阵表面的轴对称模型, 如图 8.40 所示, 溢流环换能器阵的具体尺寸与前面相同。对三个溢流环换能器同时施加 1000V 的电压, 在频率 1900Hz 下按照上面所述的方法进行计算。得到溢流环换能器阵的表面振速后, 设定流体密度和声速及对称边界条件, 就可以在 SYSNOISE 软件中用边界元法计算溢流环换能器阵的声辐射特性。图 8.41 为阵元间距为半波长的三元溢流环换能器阵在频率 1900Hz 下垂直平面内的近场声压分布, 由边界元模型计算得到。从图 8.41 中可以看出, 三元溢流环换能器阵内部液腔中的声压最大, 两边溢流环换能器液腔比中间溢流环换能器液腔中的声压更大些, 相邻两个溢流环换能器之间水域的声压也比较大, 到外围水域声压逐渐减小, 垂直方向声压减小得快些, 径向方向声压减小得慢些。

可以在 SYSNOISE 软件中利用边界元法计算溢流环换能器阵的远场指向性。图 8.42 为阵元间距为半波长的三元溢流环换能器阵在频率 1900Hz 下垂直平面内距离阵中心 100m 圆周上的声压按球面波规律折算到 1m 圆周上的声压级, 三元溢流环换能器阵与单个溢流环换能器的辐射声压级比较。对三元溢流环换能器阵和单个溢流环换能器施加的电压均为 1000V。径向方向为 0° 方向, 垂直方向为 90° 方向, 原点为三元溢流环换能器阵的中心。图 8.43 为由阵元间距为半波长的三元溢流环换能器阵在频率 1900Hz 下垂直平面内 360° 圆周上的远场指向性图, 三元溢流环换能器阵与单个溢流环换能器的指向性比较。它是由边界元模型计算得到的距离三元溢流环换能器阵及单个溢流环换能器中心 100m 圆周上的声压求得的。由图 8.42 和图 8.43 可知，阵元间距为半波长的三元溢流环换能器阵和单个溢流环换能器都是在与溢流环径向方向一致的声轴方向上的声压最大，往垂直方向的声压越来越小，垂直方向的声压相对于径向的声压很小。三元溢流环换能器阵声轴方向的声压级为 203.9dB，单个溢流环换能器声轴方向的声压级为 196.2dB，比三元溢流环换能器阵声轴方向的声压级小了 7.7dB。阵元间距为半波长的三元溢流环换能器阵有垂直指向性，而且比单个溢流环换能器的垂直指向性要更加尖锐。单个溢流环换能器垂直指向性的 3dB 波束宽度为 63.6°，而阵元间距为半波长的三元溢流环换能器阵垂直指向性的 3dB 波束宽度为 30.6°，比单个溢流环换能器的波束宽度窄了 33°。

图 8.40　三元溢流环换能器阵上半部分的轴对称边界元模型

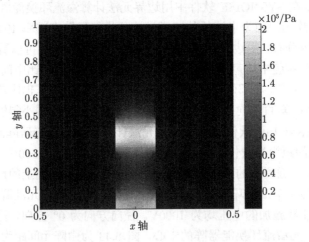

图 8.41　三元溢流环换能器阵在垂直平面内的近场声压分布

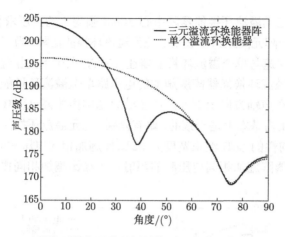

图 8.42　三元溢流环换能器阵远场折算到距中心 1m 圆周上的声压级

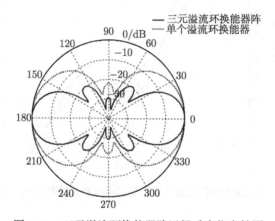

图 8.43　三元溢流环换能器阵远场垂直指向性图

上面计算的是阵元间距为半波长的三元溢流环换能器阵跟单个溢流环换能器施加相同的电压 1000V 时的声辐射特性。下面计算三元溢流环换能器阵跟单个溢流环换能器施加相同的振速时的声辐射特性，并与施加相同电压时的情况进行比较。首先提取出单个溢流环换能器在谐振频率 1900Hz 下施加电压为 1000V 时的表面振速分布，再把与单个溢流环换能器相同的表面振速施加到三个溢流环换能器对应的节点上，然后在 SYSNOISE 软件中用边界元法计算其声辐射特性，分析频率仍然为 1900Hz。图 8.44 为阵元间距为半波长的三元溢流环换能器阵在频率 1900Hz 下垂直平面内距离阵中心 100m 圆周上的声压按球面波规律折算到 1m 圆周上的声压级，施加相同的电压和相同的振速时的辐射声压级比较。图 8.45 为由阵元间距为半波长的三元溢流环换能器阵在频率 1900Hz 下垂直平面内 360° 圆周上的远场指向性，施加相同的电压和相同的振速时的垂直指向性比较。指向性由边界元模型计算得到的距离三元溢流环换能器阵中心 100m 圆周上的声压求得。由图 8.44 和图 8.45 可知，对于阵元间距为半波长的三元溢流环换能器阵，当三元溢流环换能器阵所施加的表面振速与单个溢流环换能器在 1000V 电压下的振速相同时，其辐射声压级比当三元溢流环换能器阵所施加的电压跟单个溢流环换能器的都为 1000V 时的辐射声压级在声轴方向上下 38° 的主波束范围内要高 2.3dB 左右。二者的垂直指向性在主波束内基本上是一致的，略有差别，三元溢流环换能器阵在施加相同振速时，垂直指向性的 3dB 波束宽度为 32°，比施加相同电压时的波束宽度略大。三元溢流环换能器阵施加相同电压时的辐射声压级比施加相同振速时的辐射声压

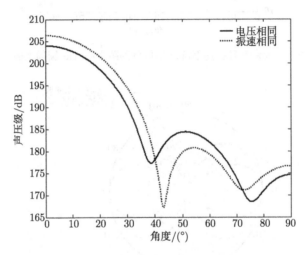

图 8.44　三元溢流环换能器阵施加相同电压和振速时远场声压级比较

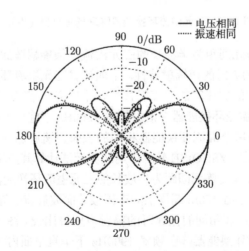

图 8.45　三元溢流环换能器阵施加相同电压和振速时远场垂直指向性比较

级要低一些, 这是由于三元溢流环换能器阵之间的互辐射的影响, 阵元间的互辐射阻抗使得相同电压激励下溢流环换能器的振速下降, 从而辐射声压级降低。三元溢流环换能器阵的中间溢流环换能器总的辐射阻抗最大, 所以中间溢流环换能器的振速比两边溢流环换能器的振速要低些。

8.8.3 小间距二元溢流环换能器阵声辐射计算

1. 轴对称有限元建模与计算

把两个溢流环换能器沿垂直方向排列成同轴阵, 阵元间距远小于谐振频率工作时的半波长。由于溢流环换能器在结构上是轴对称的, 组成同轴阵后也是轴对称的, 并且沿基阵中间上下对称。所以, 可以利用二维轴对称有限元模型对溢流环换能器阵进行建模与计算。溢流环换能器由 PZT 材料构成, 径向极化。溢流环的内半径 $a_1 = 0.1\mathrm{m}$, 壁厚 $t = 0.01\mathrm{m}$, 平均半径 $a = 0.105\mathrm{m}$, 高度 $h = 0.2\mathrm{m}$, 两个溢流换能器的阵元间距 $d = 0.21\mathrm{m}$, 为两个溢流环换能器中心到中心之间的距离。上面溢流环的下边沿到下面溢流环的上边沿的距离 $d_0 = 0.01\mathrm{m}$。可见, 两个溢流环换能器靠得很近, 它们中心到中心之间的间距远小于谐振频率工作时的半波长。图 8.46 为小间距二元溢流环换能器阵的三维结构图。在 ANSYS 软件中对溢流环换能器阵及水域进行二维轴对称有限元建模。当对溢流环换能器阵进行有限元求解计算时, PZT 材料要给出密度、介电常数、压电常数和弹性常数, 在 ANSYS 软件中进行二维材料参数设定, PZT 材料单元用耦合场单元 PLANE13。溢流环换能器阵所在水域使用流体单元进行建模, 流体域的半径在 1m 以上。

图 8.46 小间距二元溢流环换能器阵的三维结构图

在 ANSYS 软件中通过对水中小间距的二元溢流环换能器阵的谐波分析计算溢流环换能器阵的导纳, 常数阻尼系数选为 0.12。图 8.47 为小间距和半波长间距的二元溢流环换能器阵在水中的导纳曲线比较。其中, 实线表示小间距二元溢流环

换能器阵的导纳，虚线表示半波长间距二元溢流环换能器阵的导纳。根据电导曲线
的峰值，可以得到二元溢流环换能器阵在水中的一阶谐振频率，小间距二元溢流环
换能器阵的谐振频率为 1500Hz 左右，半波长间距二元溢流环换能器阵的谐振频率
为 1800Hz 左右。可见，小间距二元溢流环换能器阵的谐振频率比半波长间距二元
溢流环换能器阵的谐振频率要低很多。这是由于小间距二元溢流环换能器阵的阵
元间距远小于半波长，溢流环换能器之间的互辐射作用更加强烈，阵元间的互辐射
阻抗导致了谐振频率的降低。在 ANSYS 软件中提取出不同频率下溢流环换能器阵
在施加一定电压下，经过二元溢流环换能器阵中心且与溢流环径向方向一致的声
轴方向上的远场辐射声压值，即可计算出溢流环换能器阵的发射电压响应。图 8.48
为用有限元模型计算出的小间距和半波长间距二元溢流环换能器阵在水中的发射
电压响应比较。其中，实线代表小间距二元溢流环换能器阵的发射电压响应，虚线
代表半波长间距二元溢流环换能器阵的发射电压响应。从图 8.48 中可以看出小间
距二元溢流环换能器阵的谐振频率跟半波长间距二元溢流环换能器阵的谐振频率
相比向低频端移动。根据发射电压响应曲线的峰值，小间距二元溢流环换能器阵的
谐振频率为 1500Hz，该频率下的发射电压响应为 138.2dB，半波长间距二元溢流环
换能器阵的谐振频率为 1900Hz，该频率下的发射电压响应为 139.9dB。而小间距二
元溢流环换能器阵在 1900Hz 频率下的发射电压响应为 133.4dB，比半波长间距二
元溢流环换能器阵在该频率下的发射电压响应降低了 6.5dB。

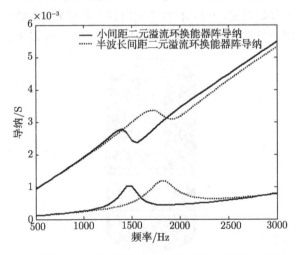

图 8.47　小间距和半波长间距二元溢流环换能器阵的导纳曲线

2. 轴对称边界元建模与计算

在 ANSYS 软件中利用有限元方法对溢流环换能器阵进行谐波分析可以得溢

流环到换能器阵在水中振动时的表面振动位移分布，数据导入 SYSNOISE 软件的溢流环换能器阵的边界元模型中，就可以得到溢流环换能器阵的表面振速分布，然后可以利用边界元法来计算溢流环换能器阵的辐射声场远场特性。建立小间距二元溢流环换能器阵上半部分的轴对称边界元模型，即溢流环换能器阵表面的轴对称模型，如图 8.49 所示，溢流环换能器阵的具体尺寸与前面的相同。由前面计算结果可知，小间距二元溢流环换能器阵在水中的谐振频率为 1500Hz，对两个溢流环换能器同时施加 1000V 的电压，在频率 1500Hz 下按照上面所述的方法进行计算，得到溢流环换能器阵的表面振速后，设定流体密度和声速及对称边界条件，就可以在 SYSNOISE 软件中用边界元法计算溢流环换能器阵的声辐射特性。图 8.50 为小间距二元溢流环换能器阵在频率 1500Hz 下垂直平面内的近场声压分布，由边界元模型计算得到。从图 8.50 中可以看出，小间距二元溢流环换能器阵内部液腔中的声压最大，到外围水域声压逐渐减小，垂直方向声压减小得快些，径向方向声压减小得慢些。

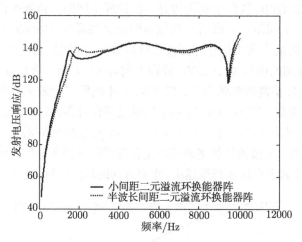

图 8.48　小间距和半波长间距二元溢流环换能器阵的发射电压响应

图 8.49　小间距二元溢流环换能器阵上半部分的轴对称边界元模型

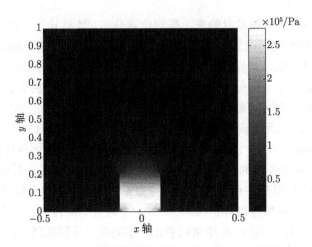

图 8.50   小间距二元溢流环换能器阵在垂直平面内的近场声压分布

　　可以在 SYSNOISE 软件中利用边界元法计算小间距溢流环换能器阵的远场指向性。图 8.51 为小间距二元溢流环换能器阵在谐振频率 1500Hz 下垂直平面内距离阵中心 100m 圆周上的声压按球面波规律折算到 1m 圆周上的声压级。对二元溢流环换能器阵施加的电压为 1000V。径向方向为 0° 方向，垂直方向为 90° 方向，原点为二元溢流环换能器阵的中心。图 8.52 为小间距二元溢流环换能器阵在谐振频率 1500Hz 下垂直平面内 360° 圆周上的远场指向性图。它是由边界元模型计算得到的距离二元溢流环换能器阵中心 100m 圆周上的声压求得的。由图 8.51 和图 8.52 可知，小间距二元溢流环换能器阵也是在与溢流环径向方向一致的声轴方向上的声压最大，往垂直方向声压越来越小，垂直方向的声压相对于径向的声压很小。小

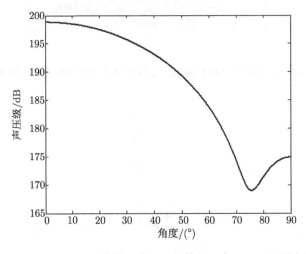

图 8.51   小间距二元溢流环换能器阵远场折算到距中心 1m 圆周上的声压级

间距二元溢流环换能器阵在谐振频率 1500Hz 下声轴方向的声压级为 198.7dB。小间距二元溢流环换能器阵也有垂直指向性，垂直指向性的 3dB 波束宽度为 59.2°。

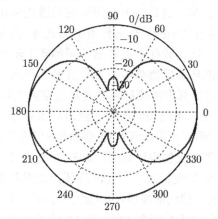

图 8.52　小间距二元溢流环换能器阵远场垂直指向性图

8.8.4　小间距三元溢流环换能器阵声辐射计算

1. 轴对称有限元建模与计算

把三个溢流环换能器沿垂直方向上下排列成同轴阵，阵元间距远小于谐振频率工作时的半波长。由于溢流环换能器在结构上是轴对称的，组成同轴阵后也是轴对称的，并且沿基阵中间上下对称。所以，可以利用二维轴对称有限元模型对溢流环换能器阵进行建模与计算。溢流环换能器由 PZT 材料构成，径向极化。溢流环的内半径 $a_1 = 0.1$m，壁厚 $t = 0.01$m，平均半径 $a = 0.105$m，高度 $h = 0.2$m，三个溢流环换能器相邻两个阵元之间的间距 $d = 0.21$m，为两阵元中心到中心之间的距离。上面一个溢流环的下边沿到下面一个溢流环的上边沿的距离 $d_0 = 0.01$m。可见，三个溢流环换能器靠得很近，它们中心到中心之间的间距远小于谐振频率工作时的半波长。图 8.53 为小间距三元溢流环换能器阵的三维结构图。在 ANSYS 软件中对溢流环换能器阵及水域进行二维轴对称有限元建模。对换能器阵进行有限元求解计算时，PZT 材料要给出密度、介电常数、压电常数和弹性常数，在 ANSYS 软件中进行二维材料参数设定，PZT 材料单元用耦合场单元 PLANE13。溢流环换能器阵所在水域使用流体单元进行建模，流体域的半径在 1m 以上。

在 ANSYS 软件中通过对水中小间距三元溢流环换能器阵的谐波分析计算换能器阵的导纳，常数阻尼系数选为 0.12。图 8.54 为小间距和半波长间距的三元溢流环换能器阵在水中的导纳曲线。其中，实线表示小间距三元溢流环换能器阵的导纳，虚线表示半波长间距三元溢流环换能器阵的导纳。根据电导曲线的峰值，可以得到三元溢流环换能器阵在水中的一阶谐振频率，小间距三元溢流环换能器阵的谐振频率为 1300Hz 左右，半波长间距三元溢流环换能器阵的谐振频率为 1800Hz 左右。可见，小间距三元溢流环换能器阵的谐振频率比半波长间距三元溢流环换能器阵的谐振频率要低很多。这是由于小间距三元溢流环换能器阵的阵元间距远小于半波长，溢流环换能器之间的互辐射作用更加强烈，阵元间的互辐射阻抗导致谐振频率的降低。在 ANSYS 软件中提取出不同频率下溢流环换能器阵在施加一定电压下，经过二元溢流环换能器阵中心且与溢流环径向方向一致的声轴方向上的远场辐射声压值，即可计算出溢流环换能器阵的发射电压响应。图 8.55 为用有限元模型计算出的小间距和半波长间距三元溢流环换能器阵在水中的发射电压响应。其中，实线代表小间距三元溢流环换能器阵的发射电压响应，虚线代表半波长间距三元溢流环换能器阵的发射电压响应。从图 8.55 中可以看出小间距三元溢流环换能器阵的谐振频率跟半波长间距三元溢流环换能器阵的谐振频率相比向低频端移动。根据发射电压响应曲线的峰值，小间距三元溢流环换能器阵的谐振频率为 1350Hz，该频率下的发射电压响应为 139.8dB，半波长间距三元溢流环换能器阵的谐振频率为 1900Hz，该频率下的发射电压响应为 143.4dB。而小间距三元溢流环换能器阵在 1900Hz 频率下的发射电压响应为 133.8dB，比半波长间距三元溢流环换能器阵在该频率下的发射电压响应降低了 9.6dB。

图 8.53　小间距三元溢流环换能器阵结构图

2. 轴对称边界元建模与计算

在 ANSYS 软件中利用有限元方法对溢流环换能器阵进行谐波分析可以得到溢流环换能器阵在水中振动时的表面振动位移分布，数据导入 SYSNOISE 软件的溢流环换能器阵的边界元模型中，就可以利用边界元法来计算溢流环换能器阵的辐射声场远场特性。建立小间距三元溢流环换能器阵上半部分的轴对称边界元模型，即溢流环换能器阵表面的轴对称模型，如图 8.56 所示，溢流环换能器阵的具体尺寸与前面的相同。由前面计算结果可知，小间距三元溢流环换能器阵在水中的谐振频率为 1350Hz, 对三个溢流环换能器同时施加 1000V 的电压, 在频率 1350Hz 下按照上面所述的方法进行计算, 得到溢流环换能器阵的表面振速后, 设定流体密度和声速及对称边界条件, 就可以在 SYSNOISE 软件中用边界元法计算溢流环换能器阵的声辐射特性。图 8.57 为小间距三元溢流环换能器阵在频率 1350Hz 下垂直平面内的近场声压分布, 由边界元模型计算得到。从图 8.57 中可以看出, 溢流环换能器阵内部液腔中的声压最大, 而且中间溢流环换能器液腔比两边溢流环换能器液腔中的声压更大, 到外围水域声压逐渐减小, 垂直方向声压减小得快些, 径向方向声压减小得慢些。

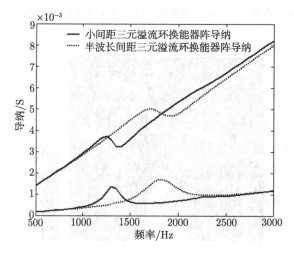

图 8.54 小间距和半波长间距三元溢流环换能器阵的导纳曲线

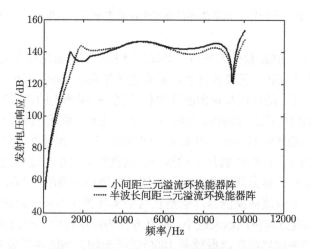

图 8.55 小间距和半波长间距三元溢流环换能器阵的发射电压响应

图 8.56　小间距三元溢流环换能器阵上半部分的轴对称边界元模型

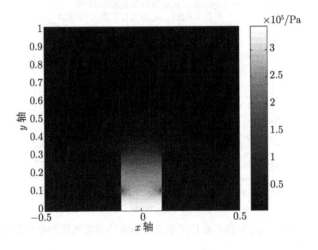

图 8.57　小间距三元溢流环换能器阵在垂直平面内的近场声压分布

　　可以在 SYSNOISE 软件中利用边界元法计算小间距溢流环换能器阵的远场指向性。图 8.58 为小间距三元溢流环换能器阵在谐振频率 1350Hz 下垂直平面内距离阵中心 100m 圆周上的声压按球面波规律折算到 1m 圆周上的声压级。对三元溢流环换能器阵施加的电压为 1000V。径向方向为 0° 方向，垂直方向为 90° 方向，原点为三元溢流环换能器阵的中心。图 8.59 为小间距三元溢流环换能器阵在谐振频率 1350Hz 下垂直平面内 360° 圆周上的远场指向性图。它是由边界元模型计算得到的距离三元溢流环换能器阵中心 100m 圆周上的声压求得的。由图 8.58 和图 8.59 可知，小间距三元溢流环换能器阵也是在与溢流环径向方向一致的声轴方向上的声压最大，往垂直方向声压越来越小，垂直方向的声压相对于径向的声压很小。小间距三元溢流环换能器阵在谐振频率 1350Hz 下声轴方向的声压级为 200.6dB。小间距三元溢流环换能器阵也有垂直指向性，垂直指向性的 3dB 波束宽度为 56°。

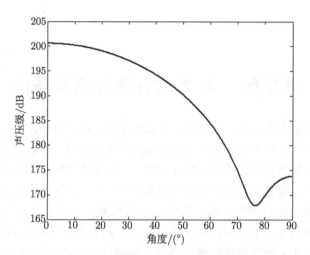

图 8.58 小间距三元溢流环换能器阵远场折算到距中心 1m 圆周上的声压级

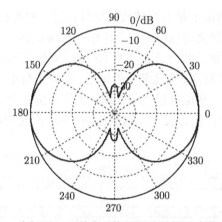

图 8.59 小间距三元溢流环换能器阵远场垂直指向性图

8.9 本 章 小 结

本章研究了溢流环换能器及基阵的声辐射特性建模与计算。首先研究了溢流环换能器液腔谐振频率和径向谐振频率的近似计算公式, 对由 PZT 材料和 PMN-PT 材料构成的溢流环换能器的谐振频率进行了计算。接着利用有限元方法对溢流环换能器及镶拼圆环换能器的声辐射进行了建模与计算。然后研究了溢流环换能器基阵的声辐射建模与计算。最后利用有限元方法结合边界元法对溢流环换能器组成的阵元间距为半波长和远小于半波长时的二元和三元发射基阵进行了建模与计算, 并对它们的声辐射特性进行了分析。

第9章　弯曲圆盘换能器及基阵

弯曲圆盘换能器尺寸小、重量轻、谐振频率低，可应用于声呐浮标、诱饵和其他主动发射声源等。加拿大的 Crawford 等以新型弯曲圆盘换能器为阵元，利用阵元间的声学互辐射作用，通过不同的排列组合，就可以在相当宽的频率范围内得到不同的谐振频率、带宽和发射声源级的基阵[100-102]。其研究结果显示 8 个相同的弯曲圆盘换能器，每个都在自由声场中的谐振频率为 1800Hz，能够组成一个密集阵，其谐振频率为 600Hz，声源级大于 200dB。利用不同的阵元数量和空间排列，谐振频率为 1800Hz 的弯曲圆盘换能器可以组成谐振频率为 450~1600Hz，声源级超过 210dB 的密集阵。

弯曲圆盘换能器本质上是对称结构的空气背衬双叠片换能器，结构示意图如图 9.1 所示。它由厚度极化的压电陶瓷元件粘在两块金属盘组成的隔板上，每块金属盘粘一块元件；元件的正极粘在金属盘的外侧，负极并联连接。金属盘主要被周长方向的静水压力所控制，起柔性节点的作用，近似于自由刀刃支撑边界条件。金属盘间的空气腔足够厚，从而可以避免在最大工作深度下金属盘接触。加在电极上的电压引起双叠片在轴向沿相反方向弯曲振动，从而产生声波。

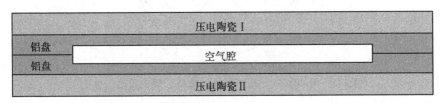

图 9.1　弯曲圆盘换能器结构示意图

9.1　弯曲圆盘换能器的有限元建模计算

9.1.1　弯曲圆盘换能器有限元模型

采用有限元分析软件 ANSYS 来对弯曲圆盘换能器进行建模与计算，在 ANSYS 软件中建立该换能器的模型。弯曲圆盘换能器是轴对称结构，且具有上下对称的特点，所以建立 1/2 轴对称有限元模型，这样可以在不影响计算精度的情况下提高计算速度。弯曲圆盘换能器的主要参数为：直径为 100mm，厚度为 15mm，水中谐振频率为 1.8kHz 左右，PZT-4 压电陶瓷圆盘，径向极化，压电陶瓷之外的圆盘材料

为硬铝。弯曲圆盘换能器的有限元模型如图 9.2 所示,其在水中的有限元模型网格
如图 9.3 所示。

图 9.2　弯曲圆盘换能器有限元模型

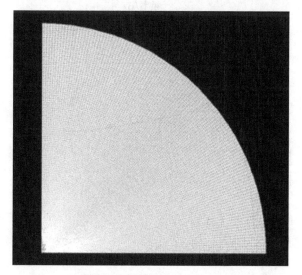

图 9.3　弯曲圆盘换能器在水中的有限元网格

9.1.2　弯曲圆盘换能器水中的谐波分析

利用 ANSYS 软件对弯曲圆盘换能器进行水中谐波分析和发射特性的计算,图
9.4 为弯曲圆盘换能器水中导纳曲线,图 9.5 为弯曲圆盘换能器发射电压响应。仿
真结果表明,该弯曲圆盘换能器的水中谐振频率约为 1.9kHz,谐振频率下发射电
压响应约为 130dB。由图 9.4 和图 9.5 可知,弯曲圆盘换能器的 −3dB 工作频带为
1.65~2.4kHz。从计算结果可以看出,这种弯曲圆盘换能器具有低频、小尺寸、大功
率等特点,具有十分广阔的发展前景和应用价值。

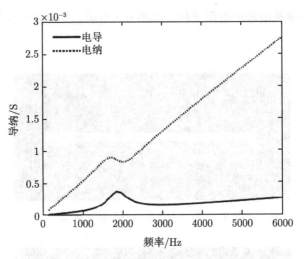

图 9.4　弯曲圆盘换能器水中导纳曲线

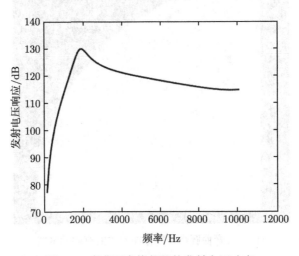

图 9.5　弯曲圆盘换能器的发射电压响应

9.2　弯曲圆盘换能器密集阵的声辐射特性建模计算

9.2.1　弯曲圆盘换能器密集阵

　　弯曲圆盘换能器密集阵是将弯曲圆盘换能器阵元在高度方向上按一定间隔堆叠而成,阵元间隔远小于半波长。图 9.6 为加拿大 Crawford 等 [102] 研制的弯曲圆盘换能器密集阵的实物图。弯曲圆盘换能器密集阵阵元间有很强的相互耦合作用。弯曲圆盘换能器的辐射阻抗取决于辐射声场的声压对其辐射面的作用,弯曲圆盘换能器密集阵中的每个阵元处于整个阵的辐射声场中，它上面的声压是所有阵元辐射声压的叠加。因此，该密集阵中单个阵元的总辐射阻抗将包括它自身辐射阻抗及其他阵元对它的互辐射阻抗。弯曲圆盘换能器密集阵的互辐射作用使得该密集阵比单个弯曲圆盘换能器的谐振频率降低、发射带宽展宽、发射声源级增加。

图 9.6　弯曲圆盘换能器密集阵的实物图

9.2.2　四元弯曲圆盘换能器密集阵的有限元模型

采用有限元分析软件 ANSYS 对弯曲圆盘换能器密集阵进行建模与计算。4 个弯曲圆盘换能器组成的阵元间距远小于半波长的等间距密集阵，弯曲圆盘换能器直径为 100mm，厚度为 15mm，水中谐振频率为 1.8kHz 左右，阵元间距为 30mm，阵元间距远小于半波长。在 ANSYS 软件中建立四元弯曲圆盘换能器密集阵的有限元模型，如图 9.7 所示。弯曲圆盘换能器密集阵在水中的有限元模型网格如图 9.8 所示。该四元弯曲圆盘换能器等间距密集阵是轴对称结构，且具有上下对称的特点，所以建立该密集阵的 1/2 轴对称有限元模型。

图 9.7　四元弯曲圆盘换能器密集阵的有限元模型，阵元间距为 30mm

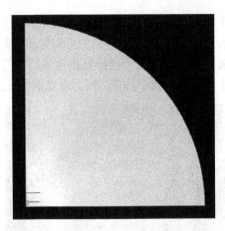

图 9.8   四元弯曲圆盘换能器密集阵的有限元网格,阵元间距为 30mm

9.2.3   四元弯曲圆盘换能器密集阵水中声辐射计算

利用 ANSYS 软件对四元弯曲圆盘换能器密集阵进行水中谐波分析和发射特性的计算,图 9.9 为四元弯曲圆盘换能器密集阵水中导纳曲线,图 9.10 为四元弯曲圆盘换能器密集阵的发射电压响应。由计算结果可知,该四元弯曲圆盘换能器密集阵的水中谐振频率约为 1.35kHz,谐振频率下发射电压响应约为 135.2dB。可见,由于阵元间的强相互耦合作用,该四元弯曲圆盘换能器密集阵的谐振频率相比单个弯曲圆盘换能器的谐振频率降低、发射电压响应增加。

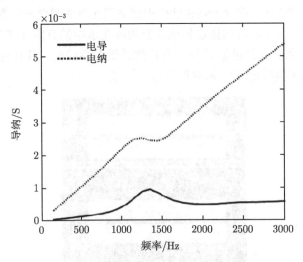

图 9.9   四元弯曲圆盘换能器密集阵水中导纳曲线,阵元间距为 30mm

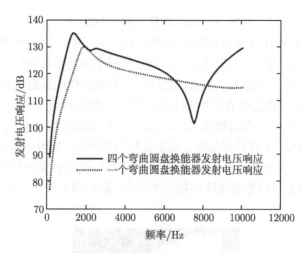

图 9.10 四元弯曲圆盘换能器密集阵发射电压响应, 阵元间距为 30mm

调整弯曲圆盘换能器密集阵换能器的个数、阵元间距和阵形结构等参数, 计算分析弯曲圆盘密集阵的声辐射性能。首先调整四元弯曲圆盘换能器密集阵的阵元间距, 由前面的 30mm 调整为 100mm, 计算其声辐射性能。4 个弯曲圆盘换能器组成的阵元间距远小于半波长的等间距密集阵, 弯曲圆盘换能器直径为 100mm, 厚度为 15mm, 水中谐振频率为 1.8kHz 左右, 阵元间距为 100mm。

在 ANSYS 软件中建立弯曲圆盘换能器密集阵的有限元模型, 间距为 100mm 的四元弯曲圆盘换能器密集阵的有限元模型如图 9.11 所示, 在水中的有限元模

图 9.11 四元弯曲圆盘换能器密集阵的有限元模型, 阵元间距为 100mm

型网格如图 9.12 所示。利用 ANSYS 软件对阵元间距为 100mm 的四元弯曲圆盘换能器密集阵进行水中谐波分析和发射特性的计算，图 9.13 为弯曲圆盘换能器密集阵水中导纳曲线，图 9.14 为弯曲圆盘换能器密集阵的发射电压响应。由图 9.13 和图 9.14 可知，阵元间距为 100mm 的四元弯曲圆盘换能器密集阵的水中谐振频率为 1.9kHz 左右，谐振频率下密集阵的发射电压响应约为 137.5dB。弯曲圆盘换能器密集阵的 −3dB 工作频带为 1.5~3.5kHz。阵元间距为 100mm 的四元弯曲圆盘换能器密集阵比单个弯曲圆盘换能器的发射带宽展宽，发射电压响应增加，谐振频率相当。与阵元间距为 30mm 的四元弯曲圆盘换能器密集阵相比，阵元间距为 100mm 的弯曲圆盘换能器密集阵谐振频率变大，谐振频率下的发射电压响应增加，发射带宽更宽。

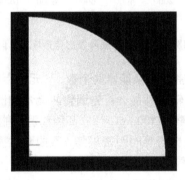

图 9.12　四元弯曲圆盘换能器密集阵在水中的有限元网格，阵元间距为 100mm

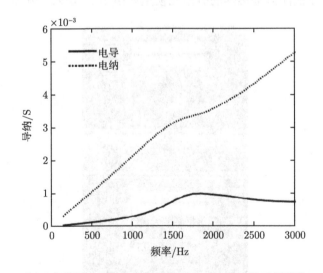

图 9.13　四元弯曲圆盘换能器密集阵水中导纳曲线，阵元间距为 100mm

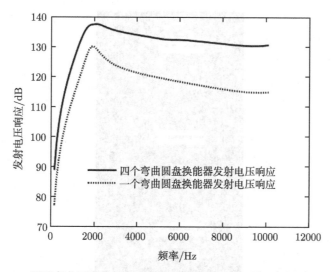

图 9.14 四元弯曲圆盘换能器密集阵发射电压响应, 阵元间距为 100mm

9.2.4 八元弯曲圆盘换能器密集阵水中声辐射计算

调整弯曲圆盘换能器密集阵的阵元个数, 计算其声辐射性能。对由 8 个弯曲圆盘换能器组成的阵元间距远小于半波长的等间距密集阵的声辐射特性进行建模与计算, 阵元间距为 50mm。单个弯曲圆盘换能器直径仍为 100mm, 厚度为 15mm, 水中谐振频率为 1.8kHz 左右。

采用有限元计算软件 ANSYS 对弯曲圆盘换能器密集阵进行建模与分析, 阵元间距为 50mm 的八元弯曲圆盘换能器密集阵的有限元模型如图 9.15 所示, 在水中的有限元模型网格如图 9.16 所示。由于该八元弯曲圆盘换能器间距密集阵是轴对称结构, 且具有上下对称的特点, 所以建立该密集阵的 1/2 轴对称有限元模型。利用 ANSYS 软件对阵元间距为 50mm 的八元弯曲圆盘换能器密集阵进行水中谐波分析和发射特性的计算, 图 9.17 为八元弯曲圆盘换能器密集阵水中导纳曲线, 图 9.18 为八元弯曲圆盘换能器密集阵的发射电压响应。由图 9.17 和图 9.18 可知, 阵元间距为 50mm 的八元弯曲圆盘换能器密集阵的水中谐振频率为 1.45kHz 左右, 谐振频率下弯曲圆盘环能器密集阵的发射电压响应约为 139dB。弯曲圆盘换能器密集阵的 −3dB 工作频带为 1.15~3.5kHz。由于阵元间的强相互耦合作用, 阵元间距为 50mm 的八元弯曲圆盘换能器密集阵比单个弯曲圆盘换能器的谐振频率降低了 0.45kHz, 发射带宽展宽 1.6kHz, 谐振频率处的发射电压响应增加了 9dB。可见, 弯曲圆盘换能器密集阵的声辐射性能有了很大的提高。

图 9.15   八元弯曲圆盘换能器密集阵的有限元模型，阵元间距为 50mm

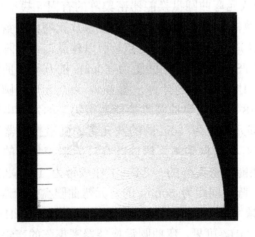

图 9.16   八元弯曲圆盘换能器密集阵的有限元网格，阵元间距为 50mm

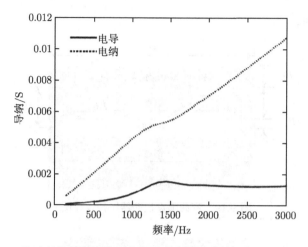

图 9.17 八元弯曲圆盘换能器密集阵水中导纳曲线, 阵元间距为 50mm

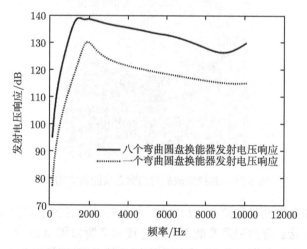

图 9.18 八元弯曲圆盘换能器密集阵发射电压响应, 阵元间距为 50mm

9.3 弯曲圆盘换能器的制作

根据所设计的弯曲圆盘换能器的结构尺寸, 将定制加工好的压电陶瓷片和铝盘黏接起来, 连上导线, 然后进行聚氨酯灌封, 制作弯曲圆盘换能器。

本书设计的弯曲圆盘换能器直径为 100mm。将压电陶瓷片和金属铝盘黏接到一起, 使两者能一起振动。理想状态下, 两者的结合应该像一个连续整体, 接触面上的每对相互接触的点都能一起振动。为了保证连接强度, 本书选用环氧树脂胶来黏接。图 9.19 为弯曲圆盘换能器的结构设计图, 图 9.20 为黏接完成以后弯曲圆盘换能器的实物图。

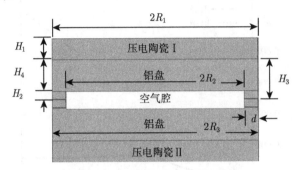

图 9.19　弯曲圆盘换能器结构设计图

图 9.20　黏接完成后弯曲圆盘换能器实物图

　　压电陶瓷和金属圆盘黏接在一起之后，根据弯曲圆盘换能器的工作原理，对换能器进行导线连接。弯曲圆盘换能器导线连接示意图如图 9.21 所示，用一根导线焊接在铝盘上，把铝盘作为负极，和压电陶瓷片的负极连接在一起。用两根导线分别焊接在两个压电陶瓷片上，并联，作为弯曲圆盘换能器的正极。采用这样的方式给换能器的正负极加上适当的驱动电压，就可以使换能器产生弯曲振动。然后对换能器进行聚氨酯灌封处理，图 9.22 为灌封完成后的弯曲圆盘换能器实物图。

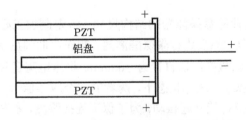

图 9.21　弯曲圆盘换能器导线连接示意图

图 9.22　灌封完成后弯曲圆盘换能器实物图

9.4　弯曲圆盘换能器的性能测量

9.4.1　弯曲圆盘换能器空气中的导纳测量

用阻抗分析仪对灌封好的弯曲圆盘换能器在空气中进行导纳测量，测量结果如图 9.23 所示。从图 9.23 中可以得到，弯曲圆盘换能器在空气中的谐振频率为 3.36kHz。

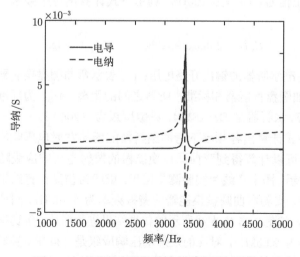

图 9.23　弯曲圆盘换能器空气中实测导纳曲线

9.4.2　弯曲圆盘换能器水中的导纳测量

把弯曲圆盘换能器放入水中一定深度处，再次使用阻抗分析仪测量该换能器的导纳，得到如图 9.24 所示的导纳曲线。可以由图 9.24 看出，电导曲线的峰值对应的频率，即弯曲圆盘换能器在水中的谐振频率为 2.46kHz。

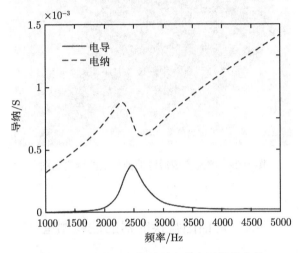

图 9.24　弯曲圆盘换能器水中实测导纳曲线

9.4.3　弯曲圆盘换能器水中发射电压响应测量

将制作出来的弯曲圆盘换能器在消声水池中进行测量，给其施加频率为 1~3kHz 的正弦电压信号，间隔为 100Hz，利用下式计算出每个频率下对应的发射电压响应值：

$$S_v L = 20 \lg e_{oc} - 20 \lg V_x - M_{SL} + 20 \lg d$$

式中，e_{oc} 表示标准水听器的输出开路电压；V_x 表示弯曲圆盘换能器输入端的驱动电压；d 表示弯曲圆盘换能器和标准水听器之间的距离；M_{SL} 为标准水听器的灵敏度级。所用的标准水听器是 B&K8104，灵敏度级为 −205dB。

通过上述公式计算出各频率下弯曲圆盘换能器的发射电压响应值，将数据导入 MATLAB 后可以计算得到弯曲圆盘换能器的发射电压响应级随频率变化的曲线，如图 9.25 所示，图中实线为实验测量结果，虚线为仿真计算结果。从图 9.25 中的实线可以看出，实测弯曲圆盘换能器的谐振频率为 2.46kHz，对应的发射电压响应级是 135.3dB。与图 9.25 中虚线所示的仿真结果进行对比，仿真得到的弯曲圆盘换能器谐振频率为 2.65kHz，对应的发射电压响应级是 134dB。实验测量和仿真计算的弯曲圆盘换能器的谐振频率和发射电压响应级基本一致。

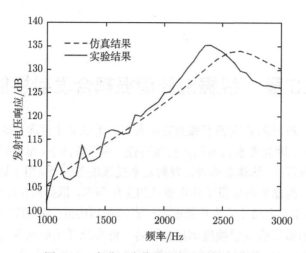

图 9.25 弯曲圆盘换能器的发射电压响应

9.5 本 章 小 结

本章主要研究了弯曲圆盘换能器及其基阵, 介绍了弯曲圆盘换能器的结构与工作原理, 并利用 ANSYS 软件建立了弯曲圆盘换能器的有限元模型, 对它的导纳、发射电压响应等特性进行了仿真计算。然后对由弯曲圆盘换能器组成的四元和八元密集阵进行了建模与计算, 分析了不同阵元数和不同阵元间距的弯曲圆盘换能器密集阵的性能。最后对设计的弯曲圆盘换能器进行了加工制作, 在消声水池中对弯曲圆盘换能器的电声性能进行了测量, 并与仿真计算结果进行了对比, 实验结果与仿真结果基本一致。

第10章 纵振液腔谐振耦合发射换能器

由于人们对海洋的研究朝着深海方向发展，所以关于深海换能器的研究是一个重点研究方向。因为海水自身的声传播特性，相同条件下，低频信号的传播损失要远远低于高频信号，这就意味着在发射功率受限的条件下，用于远距离水声探测及通信的发射换能器需要尽量工作在较低的工作频率，以提高作用距离。因此，低频、大功率、深水、小尺寸的水声换能器一直都是国内外学者研究的焦点。

纵振液腔谐振耦合发射换能器结构独特，将换能器的纵向振动与周围铝环的液腔振动耦合在一起，同时使换能器的纵振和液腔谐振频率接近，从而达到共振，这样能够提高换能器的工作带宽和发射电压响应，在相同尺寸的条件下能够大大降低换能器的谐振频率[103-106,158]。由于这种换能器整体为溢流式结构，内外都是水，内外压力平衡，适合在深海条件下工作。

10.1 纵振液腔谐振耦合发射换能器谐振频率的理论计算

10.1.1 纵振液腔谐振耦合发射换能器的结构

纵振液腔谐振耦合发射换能器的结构如图 10.1 所示，这种换能器是溢流式结构，内部有流体形成液腔，没有空气腔，可以抵抗高静水压力，适合在深海条件下工作。它将换能器的纵向振动与周围铝环的液腔振动耦合在一起，纵振和液腔谐振频率接近，使换能器获得宽的工作带宽和高的发射电压响应。该换能器的中央部分由 24 个 PZT-4 压电陶瓷圆片黏接在一起形成一个压电堆，每片厚度为 4mm，直

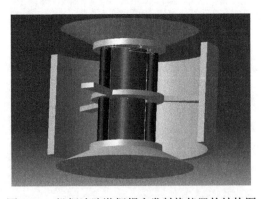

图 10.1 纵振液腔谐振耦合发射换能器的结构图

径为 10mm。上下两个头部质量为倒圆台形状的不锈钢，旁边通过预应力螺杆给压电陶瓷堆施加预应力。周围是一个铝环，在水中工作时形成液腔振动。通过换能器的结构优化设计，使得液腔谐振频率与换能器的纵振谐振频率接近，从而提高换能器的发射性能。

10.1.2 液腔谐振频率计算

由于纵振液腔谐振耦合发射换能器主要分为纵振和液腔两个部分，两个部分都有各自的谐振频率，互相作用产生共振，这就要求谐振频率相近。因此，需要分别计算两个部分各自的谐振频率，并通过调整结构尺寸使二者谐振频率接近。换能器铝环的液腔谐振频率为

$$f_1 = \frac{c}{2\pi r}\left(1 + \frac{\rho_0\sqrt{\dfrac{rH}{2}}}{\rho t}\right)^{-1/2} \tag{10.1}$$

式中，铝环的半径 $r = 59\text{mm}$；高度 $H = 110\text{mm}$；厚度 $t = 2\text{mm}$；$\rho_0 = 1000\text{kg/m}^3$ 是水的密度；$\rho = 2700\text{kg/m}^3$ 是铝环的密度；$c = 5200\text{m/s}$ 为铝环中的声速。因此，计算出的该铝环的液腔谐振频率为 4128Hz。

10.1.3 纵振谐振频率计算

为了能有效激励纵振液腔谐振耦合发射换能器的声辐射，换能器的纵振谐振频率应该接近换能器铝环的液腔谐振频率。该换能器的纵振谐振频率为

$$f_2 = \frac{1}{2\pi}\sqrt{\frac{K_{\mathrm{m}}}{M_{\mathrm{m}}}} \tag{10.2}$$

式中，K_{m} 是压电陶瓷堆的刚度；M_{m} 是它的动态质量。根据纵振液腔谐振耦合发射换能器的尺寸，计算出该换能器的纵向谐振频率为 4532Hz，与上面铝环的液腔谐振频率接近。

10.2 纵振液腔谐振耦合发射换能器的有限元建模计算

10.2.1 纵振液腔谐振耦合发射换能器的有限元模型建立

由于纵振液腔谐振耦合发射换能器是轴对称的，还是上下对称的，建立该换能器在水中上半部分的二维轴对称有限元模型如图 10.2 所示。纵振液腔谐振耦合发射换能器驱动部分由 24 个 PZT-4 压电陶瓷圆片黏接在一起形成压电堆，每片厚度为 4mm，直径为 10mm，极化方向为纵向，每相邻两个陶瓷片极化方向相反，每个陶瓷片上施加相同的激励电压。对纵振液腔谐振耦合发射换能器进行有限元计

算时,压电陶瓷材料要给出密度、介电常数、压电常数和弹性常数,在 ANSYS 软件中进行二维材料参数设定,使用耦合场单元 PLANE13。上下两个头部质量为不锈钢,周围是铝环,给出密度、杨氏模量和泊松比,使用二维单元 PLANE42。流体域是水,给出密度和声速,使用声学单元 FLUID29,最外围边界使用无限声学单元 FLUID129,作为吸收边界来模拟流体域的无限远辐射效应。当进行有限元计算求解时,还需要给模型施加适当的对称边界条件。图 10.3 为该换能器的三维有限元模型。

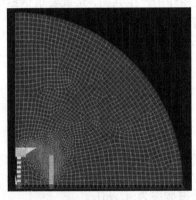

图 10.2　纵振液腔谐振耦合发射换能器在水中的轴对称有限元模型

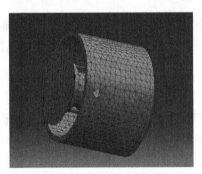

图 10.3　纵振液腔谐振耦合发射换能器的三维有限元模型

10.2.2　纵振液腔谐振耦合发射换能器性能的有限元仿真及实验验证

利用纵振液腔谐振耦合发射换能器在水中的轴对称有限元模型进行仿真计算,可以得到纵振液腔谐振耦合发射换能器在水中的导纳、发射电压响应等性能。仿真计算得到的纵振液腔谐振耦合发射换能器的导纳曲线如图 10.4 中的虚线所示,发射电压响应曲线如图 10.5 中的虚线所示。

作者制作了纵振液腔谐振耦合发射换能器的样机,并在消声水池中实验测量该换能器的导纳和发射电压响应，测量结果分别如图 10.4 和图 10.5 中的实线所示。由纵振液腔谐振耦合发射换能器导纳的有限元仿真计算结果可知，纵振液腔谐振耦合发射换能器的谐振频率为 4650Hz，仿真计算得到纵振液腔谐振耦合发射换能器的最大发射电压响应在 4650Hz 时为 129.5dB。从实验测量得到的纵振液腔谐振耦合发射换能器的导纳结果可知，纵振液腔谐振耦合发射换能器的谐振频率为 4700Hz，实验测量得到纵振液腔谐振耦合发射换能器的最大发射电压响应在 4700Hz 时为 130dB。有限元仿真计算得到的纵振液腔谐振耦合发射换能器导纳和发射电压响应结果与实验测量结果基本一致。

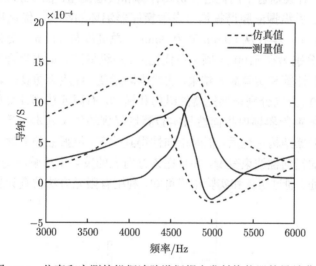

图 10.4　仿真和实测的纵振液腔谐振耦合发射换能器的导纳曲线

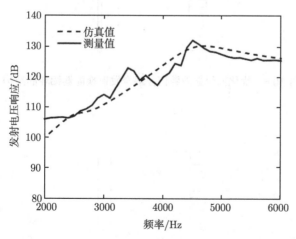

图 10.5　仿真和实测的纵振液腔谐振耦合发射换能器的发射电压响应

10.3　纵振液腔谐振耦合发射换能器的指向性优化设计

在对纵振液腔谐振耦合发射换能器的建模和仿真过程中,发现换能器周围铝环的尺寸不仅可以改变该换能器的发射电压响应,还可以调节换能器的辐射指向性。通过适当优化纵振液腔谐振耦合发射换能器铝环的尺寸,可以改善纵振液腔谐振耦合发射换能器的辐射指向性。本节设计两种尺寸铝环的纵振液腔谐振耦合发射换能器,并对其辐射指向性进行仿真计算和实验测量。图 10.6 和图 10.7 分别为优化设计前、后纵振液腔谐振耦合发射换能器铝环的结构。优化后铝环的厚度从 2mm 变为 8mm,半径从 59mm 变为 60mm,总高度从 110mm 变为 100mm。图 10.8 和图 10.9 分别为在 4700Hz 频率下优化前、后纵振液腔谐振耦合发射换能器辐射指向性的仿真计算和实验测量结果,实线为测量值,虚线为仿真值。图 10.8 和图 10.9 中 0° 和 90° 方向分别是换能器的纵向和横向。有限元仿真计算得到的纵振液腔谐振耦合发射换能器辐射指向性与实验测量得到的结果基本一致。纵振液腔谐振耦合发射换能器结构优化后,辐射指向性得到改善,纵振液腔谐振耦合发射换能器在 90° 方向的指向性波束变宽,并且在该方向上的发射电压响应变高,这在实际应用中更有好处。通过仿真和实验结果可知,利用有限元方法仿真计算该换能器的

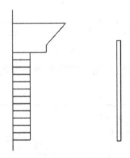

图 10.6　优化前纵振液腔谐振耦合发射换能器铝环的结构

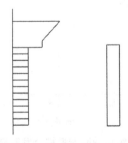

图 10.7　优化后纵振液腔谐振耦合发射换能器铝环的结构

辐射指向性和通过结构优化改善纵振液腔谐振耦合发射换能器的指向性性能是正确可行的。

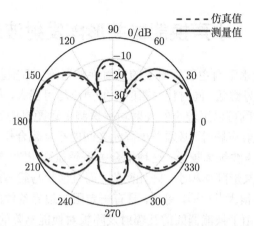

图 10.8 优化前仿真和实测的纵振液腔谐振耦合发射换能器辐射指向性

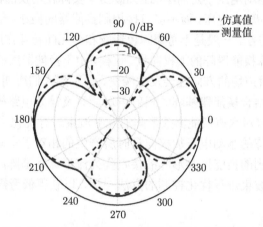

图 10.9 优化后仿真和实测的纵振液腔谐振耦合发射换能器辐射指向性

10.4 本 章 小 结

本章主要研究了纵振液腔谐振耦合发射换能器的建模与设计。首先介绍了该换能器的结构形式，建立了纵振液腔谐振耦合发射换能器的有限元模型，并用有限元方法计算了纵振液腔谐振耦合发射换能器的导纳、发射电压响应及指向性等特性。然后制作了纵振液腔谐振耦合发射换能器样机，并在消声水池中进行了实验测量，理论计算结果与实验测量结果一致。最后通过优化设计纵振液腔谐振耦合发射换能器铝环的尺寸，使纵振液腔谐振耦合发射换能器的发射性能得到进一步的优化。

第11章 水声换能器共形阵发射波束优化

对于主动声呐及水下自主航行器上的发射换能器阵,希望获得良好的发射指向性,使发射波束的旁瓣低,同时使主瓣的辐射声压尽可能大,从而使发射能量集中在某一方向,这样就可以用较小的发射功率探测更远距离的目标。在研究阵元密集的换能器阵的辐射声场时,必须考虑阵元之间的相互耦合作用,而且阵元数越多、阵元间距越小、声波频率越低,这种耦合关系越显著 [159-163]。特别是在本书所研究的共形阵中,共形阵体积小、阵元密集,而且形状与载体形状一致,这样阵元间的相互影响势必很大 [16-19]。另外,具有一定阻抗边界条件的障板对基阵辐射声场的影响也很大。由于换能器间的互辐射及障板对换能器阵的振速产生的影响,换能器阵的振速与驱动电压不是简单的正比关系。实际使用换能器阵时,一般是控制换能器阵各阵元的驱动电压,而不能直接控制换能器的振速。现有对换能器阵进行发射波束控制的方法,一般是不考虑障板影响和阵元间相互作用,按平面波模型进行相位补偿来计算换能器阵的加权向量。这样,由于换能器间的互辐射及障板的影响,换能器阵辐射声场的方向性会发生畸变,得不到人们所期望的辐射指向性。本书采用优化方法结合换能器基阵的辐射声场计算及等效电路模型求取所需的驱动电压加权向量来对水声换能器共形阵的发射波束进行优化 [133,134]。为了减小用理论模型计算基阵的驱动电压加权向量时所产生的相对于实际系统的误差,本书还提出利用实测到的换能器共形阵的接收阵列流形计算基阵的驱动电压加权向量来对基阵的发射波束进行优化控制的方法 [135],以获得低旁瓣的发射波束和良好的发射性能。

11.1 水声换能器共形阵驱动电压的边界元模型优化加权

11.1.1 水声换能器基阵的驱动电压优化计算基本原理

把水声换能器阵及其障板当作一个振动情况复杂的整体,用边界元法计算其辐射声场。由式 (5.57) 可得对于振动体表面上节点的声压列向量 $\{p\}$ 和声压法向偏导列向量 $\{p'\}$ 有

$$[A]\{p\} = [B]\{p'\} \tag{11.1}$$

由式 (5.61) 可得对于振动体辐射声场中场点的声压列向量 $\{p_Q\}$ 有

$$\{p_Q\} = [C]\{p\} + [D]\{p'\} \tag{11.2}$$

式中，p 和 p' 表示的意义与式 (11.1) 中相同，也为振动体表面上的声压和声压法向偏导。式 (11.1) 和式 (11.2) 中的 $[A]$、$[B]$、$[C]$、$[D]$ 为系数矩阵，都可以按照第 5 章中介绍的方法计算得到。

由式 (11.1) 可得

$$\{p\} = [A]^{-1}[B]\{p'\} \tag{11.3}$$

把式 (11.3) 代入式 (11.2) 可得

$$\{p_Q\} = ([C][A]^{-1}[B] + [D])\{p'\} \tag{11.4}$$

由式 (5.10) 可得式 (11.4) 中的振动体表面上的声压法向偏导 p'，即 $\dfrac{\partial p}{\partial n}$ 可以表示为振动体表面上的法向振速乘以一个常数，即

$$p' = -\mathrm{j}\omega\rho_0 v_\mathrm{n} \tag{11.5}$$

式中，v_n 为振动体表面上的法向振速；ρ_0 为介质的密度；ω 为声波的角频率。

把式 (11.5) 代入式 (11.3) 中，并令 $[E] = -\mathrm{j}\omega\rho_0[A]^{-1}[B]$ 可得振动体表面的声压与表面振速的关系为

$$\{p_q\} = [E]\{v_\mathrm{n}\} \tag{11.6}$$

把式 (11.5) 代入式 (11.4) 中，并令 $[F] = -\mathrm{j}\omega\rho_0([C][A]^{-1}[B] + [D])$ 可得振动体辐射声场中的声压与表面振速的关系为

$$\{p_Q\} = [F]\{v_\mathrm{n}\} \tag{11.7}$$

式 (11.6) 和式 (11.7) 中，$\{p_q\}$ 为振动体表面上节点的声压列向量；$\{p_Q\}$ 为振动体辐射声场中场点的声压列向量；$\{v_\mathrm{n}\}$ 为振动体表面上节点的法向振速列向量；$[E]$ 和 $[F]$ 为系数矩阵。

由式 (11.6) 和式 (11.7) 可知，辐射体表面上及辐射声场中任意一点的声压都可以表示成表面法向振速向量的线性组合，其组合系数由矩阵 $[E]$ 和 $[F]$ 决定，而这两个矩阵与振速无关，只与振动系统本身有关，包括振动面的几何形状、边界面阻抗特性、声传播介质的物理特性 (声速、密度)、频率以及场点位置等。

假设水声换能器基阵的表面由多个活塞式水声换能器和具有一定阻抗边界条件的障板组成，每个活塞式水声换能器的表面振速均匀。在障板的阻抗边界条件设定后，如果水声换能器阵各阵元的振速已知，就可以计算出水声换能器阵的辐射声场。

对水声换能器阵及其障板表面进行边界元划分，设划分为 N 个节点，其中第 i 个节点的法向振速记为 v_{ni}，表面声压为 p_{qi}，$i = 1, 2, \cdots, N$，由式 (11.6) 可得

$$
\begin{bmatrix} p_{q1} \\ p_{q2} \\ \vdots \\ p_{qN} \end{bmatrix} = \begin{bmatrix} e_{11} & e_{12} & \cdots & e_{1N} \\ e_{21} & e_{22} & \cdots & e_{2N} \\ \vdots & \vdots & & \vdots \\ e_{N1} & e_{N2} & \cdots & e_{NN} \end{bmatrix} \begin{bmatrix} v_{n1} \\ v_{n2} \\ \vdots \\ v_{nN} \end{bmatrix} \tag{11.8}
$$

由于障板具有一定的阻抗边界条件，设障板表面上第 j 个节点的特性阻抗记为 z_j，则有

$$
\frac{p_{qj}}{v_{nj}} = z_j \tag{11.9}
$$

式中，$j = Z, Z+1, \cdots, N$，Z 为障板表面上的第一个节点；p_{qj} 为障板表面上第 j 个节点的表面声压；v_{nj} 为障板表面上第 j 个节点的法向振速。水声换能器表面上节点的法向振速为 $v_{n1}, v_{n2}, \cdots, v_{n(Z-1)}$，障板表面上节点的法向振速为 $v_{nZ}, v_{n(Z+1)}, \cdots, v_{nN}$。式 (11.8) 代表由 N 个方程组成的线性方程组，并且假设水声换能器表面上节点的振速 $v_{n1}, v_{n2}, \cdots, v_{n(Z-1)}$ 为已知。由式 (11.9) 可得 $p_{qj} = z_j \cdot v_{nj}$，$j = Z, Z+1, \cdots, N$，代入式 (11.8) 的后 $(N-Z+1)$ 个方程消去 p_{qj} 可得由 $(N-Z+1)$ 个方程组成的线性方程组，其中水声换能器表面上节点的振速 $v_{n1}, v_{n2}, \cdots, v_{n(Z-1)}$ 为已知，障板表面上节点的振速 $v_{nZ}, v_{n(Z+1)}, \cdots, v_{nN}$ 为未知。联立这 $(N-Z+1)$ 个方程可求解出 $(N-Z+1)$ 个变量 $v_{nZ}, v_{n(Z+1)}, \cdots, v_{nN}$，也就是说 $v_{nZ}, v_{n(Z+1)}, \cdots, v_{nN}$ 中每个变量都可以表示成 $v_{n1}, v_{n2}, \cdots, v_{n(Z-1)}$ 的线性组合。

要计算基阵辐射声场中 M 个点的声压，第 k 点的声压记为 p_{Qk}，$k = 1, 2, \cdots, M$，由式 (11.7) 可得

$$
\begin{bmatrix} p_{Q1} \\ p_{Q2} \\ \vdots \\ p_{QM} \end{bmatrix} = \begin{bmatrix} f_{11} & f_{12} & \cdots & f_{1N} \\ f_{21} & f_{22} & \cdots & f_{2N} \\ \vdots & \vdots & & \vdots \\ f_{M1} & f_{M2} & \cdots & f_{MN} \end{bmatrix} \begin{bmatrix} v_{n1} \\ v_{n2} \\ \vdots \\ v_{nN} \end{bmatrix} \tag{11.10}
$$

假设水声换能器阵由 L 个活塞式水声换能器组成，每个水声换能器上的振速是均匀的，分别为 $v_{n1}, v_{n2}, \cdots, v_{nL}$，则换能器表面上所有节点的振速 $v_{n1}, v_{n2}, \cdots, v_{n(Z-1)}$ 都可以用 $v_{n1}, v_{n2}, \cdots, v_{nL}$ 来表示。又由上面的讨论可知，障板表面上节点的振速 $v_{nZ}, v_{n(Z+1)}, \cdots, v_{nN}$ 可以表示为换能器表面上节点的振速 $v_{n1}, v_{n2}, \cdots, v_{n(Z-1)}$ 的线性组合，亦即可以表示为 $v_{n1}, v_{n2}, \cdots, v_{nL}$ 的线性组合。则可以对式

(11.10) 进行整理, 把振速 $v_{n1}, v_{n2}, \cdots, v_{nN}$ 都表示成 $v_{n1}, v_{n2}, \cdots, v_{nL}$ 的线性组合的形式, 然后把它们的系数进行合并可得

$$
\begin{bmatrix} p_{Q1} \\ p_{Q2} \\ \vdots \\ p_{QM} \end{bmatrix} = \begin{bmatrix} c_{11} & c_{12} & \cdots & c_{1L} \\ c_{21} & c_{22} & \cdots & c_{2L} \\ \vdots & \vdots & & \vdots \\ c_{M1} & c_{M2} & \cdots & c_{ML} \end{bmatrix} \begin{bmatrix} v_{n1} \\ v_{n2} \\ \vdots \\ v_{nL} \end{bmatrix}
\tag{11.11}
$$

把式 (11.11) 写为

$$
\boldsymbol{P}_Q = \begin{bmatrix} \boldsymbol{C}_1 & \boldsymbol{C}_2 & \cdots & \boldsymbol{C}_L \end{bmatrix} \begin{bmatrix} v_{n1} \\ v_{n2} \\ \vdots \\ v_{nL} \end{bmatrix}
\tag{11.12}
$$

式中, $\boldsymbol{P}_Q$、$\boldsymbol{C}_1, \boldsymbol{C}_2, \cdots, \boldsymbol{C}_L$ 均为列向量。

若令 $v_{n1} = 1$, $v_{n2} = 0, \cdots, v_{nL} = 0$, 则由式 (11.12) 有 $\boldsymbol{C}_1 = \boldsymbol{P}_Q$, 这种情况下的 $\boldsymbol{P}_Q$ 是在障板的阻抗边界条件设定后, 让一个水声换能器振动并且令其振速为 1, 其他水声换能器不振动即振速为 0 时用边界元法计算出的。同理可求出 $\boldsymbol{C}_2, \boldsymbol{C}_3, \cdots, \boldsymbol{C}_L$。

知道了 $\boldsymbol{C}_1, \boldsymbol{C}_2, \cdots, \boldsymbol{C}_L$ 后, 任给一组水声换能器振速加权向量 $[v_{n1}, v_{n2}, \cdots, v_{nL}]^{\mathrm{T}}$, 由式 (11.12) 可以很容易地求出整个阵的辐射声场 $\boldsymbol{P}_Q$。此式即为水声发射换能器阵的振速与辐射声场之间的关系式。

可以给水声换能器基阵中的每个水声换能器施加适当的驱动电压加权, 由第 3 章中的式 (3.13) 利用等效电路模型计算出各水声换能器的振速, 这样就使得水声换能器阵产生合适的振速向量, 再利用水声换能器阵的振速与辐射声场之间的关系式 (11.12) 计算出水声换能器阵的辐射声场, 从而使得整个水声换能器阵的辐射声场趋近于所期望的声场分布, 包括在特定的方向上形成指向性, 以及控制发射波束的旁瓣, 同时使发射声源级尽可能的高等。可以用寻优的方法来求出所需要的驱动电压加权向量。

在水声换能器阵的辐射声场远场离中心一定距离处 $360°$ 圆周上取 M 个离散点, 用边界元法求出 $\boldsymbol{C}_1, \boldsymbol{C}_2, \cdots, \boldsymbol{C}_L$, 其中 L 为水声换能器阵中水声换能器的个数。可用 $c_{i1}, c_{i2}, \cdots, c_{iL}$ 组成一列向量 $\boldsymbol{X}_i$, 即 $\boldsymbol{X}_i = \begin{bmatrix} c_{i1} & c_{i2} & \cdots & c_{iL} \end{bmatrix}^{\mathrm{T}}$, 其中 i 表示所计算的水声换能器阵辐射声场中的第 i 个场点, 它与基阵中心的连线确定这个场点的方向 θ_i。设水声换能器阵振速的加权列向量为 $\boldsymbol{W}_{\mathrm{V}}$, 则由式 (11.11) 可求出第 i 个场点的声压为

$$
p_i = \boldsymbol{X}_i^{\mathrm{T}} \boldsymbol{W}_{\mathrm{V}}
\tag{11.13}
$$

设水声换能器阵驱动电压的加权列向量为 $\boldsymbol{W}_{\mathrm{E}}$，则由式 (11.13) 利用等效电路模型计算出水声换能器阵振速的加权列向量为

$$\boldsymbol{W}_{\mathrm{V}} = n\boldsymbol{Z}^{-1}\boldsymbol{W}_{\mathrm{E}} \tag{11.14}$$

将式 (11.14) 代入式 (11.13) 可得

$$p_i = n\boldsymbol{X}_i^{\mathrm{T}}\boldsymbol{Z}^{-1}\boldsymbol{W}_{\mathrm{E}} \tag{11.15}$$

式中，n 为水声换能器基阵中各阵元的机电转换系数；Z 为基阵的互阻抗矩阵。

由于水声发射换能器阵各阵元驱动电压的最大幅值是受限制的，要控制发射波束的旁瓣级，同时要使基阵的发射声源级尽可能的高，这就要在基阵各阵元驱动电压的最大幅值一定的情况下使得基阵轴向辐射声压最大。为了达到这个目的，使得当基阵声轴方向上某点处的声压一定时驱动电压加权向量的模值最大值最小，同时对发射波束的旁瓣进行约束。由于要计算的是归一化的驱动电压加权向量，进行计算时可不考虑式 (11.15) 中的系数 n，假定在基阵声轴 θ_0 方向上远场离阵中心一定距离处的声压除以 n 后为 1，即在式 (11.15) 中有

$$\boldsymbol{X}(\theta_0)^{\mathrm{T}}\boldsymbol{Z}^{-1}\boldsymbol{W}_{\mathrm{E}} = 1 \tag{11.16}$$

式中，$\boldsymbol{X}(\theta_0)$ 为具有一定阻抗边界条件障板下的水声换能器阵在辐射声场中远场一定距离处 θ_0 方向上的响应向量。

当基阵声轴方向上远场某点处的声压一定时，要让水声换能器阵驱动电压加权向量的模值最大值最小，同时对发射波束的旁瓣进行约束，这就是下面的最优化问题：

$$\begin{cases} \min_{\boldsymbol{W}} & \left[\max_{j=1,\cdots,L}(|\boldsymbol{W}_{\mathrm{E}}(j)|)\right] \\ \mathrm{s.t.} & \boldsymbol{X}(\theta_0)^{\mathrm{T}}\boldsymbol{Z}^{-1}\boldsymbol{W}_{\mathrm{E}} = 1 \\ & \left|\boldsymbol{X}(\theta_{\mathrm{s}})^{\mathrm{T}}\boldsymbol{Z}^{-1}\boldsymbol{W}_{\mathrm{E}}\right| \leqslant \delta_{\mathrm{s}} \end{cases} \tag{11.17}$$

式中，L 为水声换能器基阵中换能器的个数；θ_0 为发射波束主瓣方向；θ_{s} 为发射波束旁瓣方向；δ_{s} 为控制旁瓣级。

可以用二阶锥优化算法来求解此优化问题 [128–132]，从而求出所需要的水声换能器阵驱动电压的加权向量 $\boldsymbol{W}_{\mathrm{E}}$。把这个加权向量进行归一化，即同时除以这个向量的最大模值，然后乘上一个电压因子 (这个电压因子必须小于水声换能器阵所能施加的最大电压)，即可得到实际施加在水声换能器阵各阵元上的驱动电压。

11.1.2　仿真计算及实验结果

水声换能器共形阵的结构图如图 11.1 所示，边界元模型及网格如图 11.2 所示。它为一个 14 元阵，水声换能器安装在一个半球形障板正中间的圆弧线上，障

板两侧为固定基阵用的弦边,障板下面是盖板。障板的半球形表面为橡胶,密度 $\rho_1 = 1.003 \times 10^3 \text{kg/m}^3$,介质中声速 $c_1 = 1510 \text{m/s}$,特性阻抗为 $1.51453 \times 10^6 \text{Pa·s/m}$。障板两侧为有机玻璃,密度 $\rho_2 = 1.190 \times 10^3 \text{kg/m}^3$,介质中声速 $c_2 = 2660 \text{m/s}$,特性阻抗为 $3.1654 \times 10^6 \text{Pa·s/m}$。下面盖板为铝板,密度 $\rho_3 = 2.7 \times 10^3 \text{kg/m}^3$,介质中声速 $c_3 = 5150 \text{m/s}$,特性阻抗为 $13.9 \times 10^6 \text{Pa·s/m}$。障板半球半径 $r = 0.216\text{m}$,每个活塞式水声换能器辐射面为矩形,长 $a = 0.04\text{m}$,宽 $b = 0.04\text{m}$,声波频率 $f = 12.5\text{kHz}$,水中声速 $c = 1500\text{m/s}$,声波长 $\lambda = 0.12\text{m}$。各阵元中心与半球心的连线之间的夹角为 $12°$,各阵元间距为 0.0452m。用文献 [11] 中的方法测得换能器的机械阻抗 $Z_{m0} = 831.25 - \text{j}1698.8\text{N·s/m}$。分别采用三种方法对水声换能器阵的驱动电压进行加权。第一种方法为常规波束形成加权方法,即驱动电压的加权向量为不考虑障板影响和阵元互耦作用时,按基阵各阵元的几何位置利用平面波模型进行相位补偿所计算得到的加权向量 [9]。第二种方法为平面波模型优化加权方法,即基阵的驱动电压的加权向量为不考虑障板影响和阵元互耦作用时,利用平面波模型计算基阵的响应向量 $\boldsymbol{X}(\theta)$,然后按照和式 (11.17) 相同的优化准则计算得到的加权向量,采用这种方法加权是为了比较水声换能器共形阵障板和阵元互耦作用影响。第三种方法为边界元模型优化加权方法,即利用式 (11.17) 计算出水声换能器阵的驱动电压加权向量。第二种方法是为了和第三种方法比较在都进行了优化的情况下,不考虑及考虑障板影响和阵元互耦作用对水声换能器共形阵发射波束产生的影响。图 11.3~ 图 11.6 分别为用边界元法计算出的 14 元水声换能器共形阵波束扫描在 $0°$ 和 $75°$ 方向时的辐射声压幅度与指向性图,辐射声压幅度进行了归一化。其中,实线代表水声换能器阵的驱动电压加权为用边界元模型优化加权方法计算出来的加权向量,旁瓣约束到 -20dB,虚线代表驱动电压加权为平面波模型下常规波束形成的加权向量,划线代表驱动电压加权为利用平面波模型优化加权方法计算出来的加权向量,旁瓣也约束到 -20dB,然后都利用水声换能器阵驱动电压与振速的关系计算出各水声换能器的振速,再利用边界元法计算出水声换能器阵的辐射声场。由图 11.3 ~ 图 11.6 可知,可以用边界元模型优化加权方法来控制基阵发射波束的旁瓣,以获得比较低的旁瓣级。用边界元模型优化加权时,基阵发射波束的最高旁瓣级为 -20dB,用常规波束形成加权基阵扫描角在 $0°$ 和 $75°$ 时的发射波束最高旁瓣级分别为 -11dB 和 -5.7dB,而用平面波模型优化加权时,基阵的发射波束图发生畸变,扫描角在 $0°$ 和 $75°$ 时的发射波束最高旁瓣级分别为 -6.1dB 和 -10.3dB。另外,边界元模型优化加权方法和平面波模型优化加权方法相对于常规波束形成加权方法对发射波束的旁瓣施加了约束,则发射波束的主瓣最大声压幅度会有所降低。边界元模型优化加权方法能够使得在基阵的发射波束满足旁瓣约束条件下各阵元驱动电压的最大幅值一定时,波束扫描的轴向辐射声压最大。对应于图 11.3 和图 11.5 中用边界元模型优化加权后基阵的最大辐射声压相对于常规

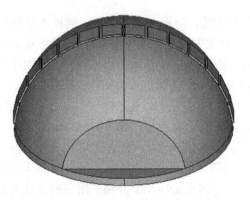

图 11.1   水声换能器共形阵的结构图

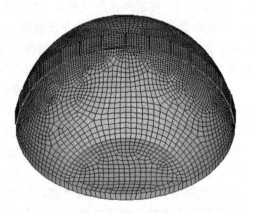

图 11.2   水声换能器共形阵的边界元模型及网格

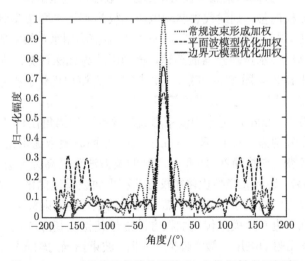

图 11.3   14 元水声换能器共形阵 0° 方向辐射声压幅度

波束形成加权时的最大辐射声压降低得不多，分别降低 2.43dB 和 1.67dB。可见，由于在水声换能器共形阵中，水声换能器间的互辐射及具有一定阻抗边界条件的障板对水声换能器阵辐射声场的影响较大，当水声换能器阵的驱动电压加权向量为不考虑障板影响和阵元互耦作用常规波束形成加权或者平面波模型优化加权时，水声换能器阵的辐射声场波束图会发生畸变，旁瓣级很高，而利用边界元模型优化加权可以充分考虑水声换能器间互辐射及障板的影响，然后进行合理优化，从而得到较低的旁瓣级和比较好的发射性能。

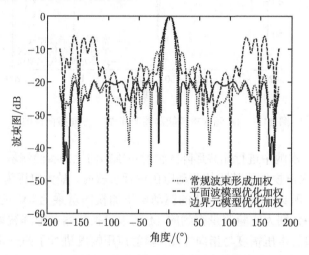

图 11.4 14 元水声换能器共形阵 0° 方向指向性图

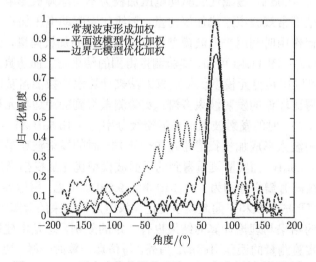

图 11.5 14 元水声换能器共形阵 75° 方向辐射声压幅度

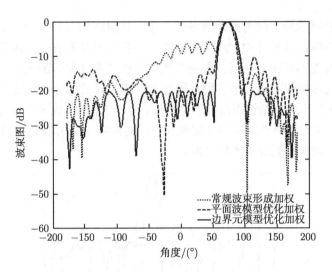

图 11.6　14 元水声换能器共形阵 75° 方向指向性图

　　本书在消声水池中进行此共形阵的辐射声压指向性的实验测量。工作频率 $f =$ 12.5kHz。在对水声换能器基阵的驱动电压进行加权时，最大电压为 4V，相当于对利用式 (11.17) 所计算出的归一化的驱动电压加权向量乘上 4V 的电压因子。图 11.7~ 图 11.10 分别为实验测量得到的 14 元水声换能器共形阵波束扫描在 0° 和 75° 方向时的辐射声压幅度与指向性图，辐射声压幅度进行了归一化。其中，实线代表水声换能器阵的驱动电压加权为用边界元模型优化加权方法计算出的加权向量，旁瓣约束到 −20dB，虚线代表驱动电压加权为不考虑障板影响和阵元互耦作用时平面波模型下常规波束形成加权向量，划线代表驱动电压加权为不考虑障板影响和阵元互耦作用时利用平面波模型优化后计算出的加权向量，旁瓣也约束到 −20dB。由图 11.7~ 图 11.10 可知，实验测量得到的结果与上面仿真计算的结果基本一致，表明可以用边界元模型优化加权方法来计算水声换能器基阵的驱动电压加权向量以获得比较低的发射波束旁瓣。实验测量得到的用边界元模型优化加权扫描在 0° 和 75° 时的发射波束最高旁瓣级分别为 −15.5dB 和 −15.3dB，实验测量得到的常规波束形成加权扫描角在 0° 和 75° 时的发射波束最高旁瓣级分别为 −9.8dB 和 −5.9dB，而实验测量得到的平面波模型优化加权扫描角在 0° 和 75° 时的发射波束最高旁瓣级分别为 −11.1dB 和 −9.8dB。可见，用边界元模型优化加权比用常规波束形成加权和平面波模型优化加权时发射波束的旁瓣级降低了很多。实验测量得到的结果与理论计算的结果也有一定的差别，这是由建模的误差、计算的误差还有实验测量的误差引起的。另外，与仿真计算时一样，边界元模型优化加权方法和平面波模型优化加权方法相对于常规波束形成加权方法对发射波束的旁瓣施加了约束，则发射波束的主瓣最大声压幅度会有所降低，边界元模型优化加权方法能够使得在基阵的发射波束满足旁瓣约束条件下，各阵元驱动电压的最大幅值一定时，波束扫描的轴向辐射声压最大。对应于图 11.7 和图 11.9 中用边界元模型优化加权后基阵的最大辐射声压相对于常规波束形成加权时的最大辐射声压降低得不多，分别降低 2.39dB 和 1.72dB。可见，实验测量得到结果与仿真计算的结果十分一致，从而验证了本书所提出的边界元模型优化加权方法的正确性与有效性。

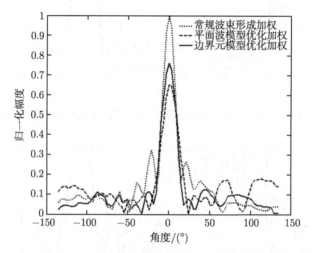

图 11.7　实测 14 元水声换能器共形阵 0° 方向辐射声压幅度

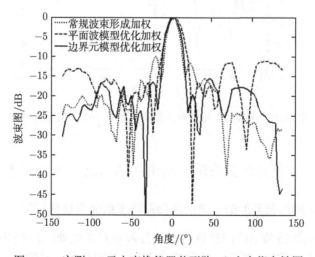

图 11.8　实测 14 元水声换能器共形阵 0° 方向指向性图

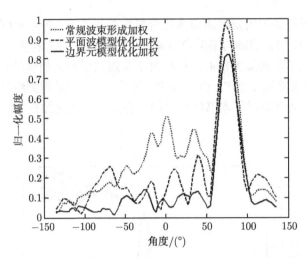

图 11.9　实测 14 元水声换能器共形阵 75° 方向辐射声压幅度图

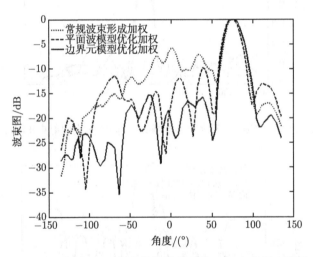

图 11.10　实测 14 元水声换能器共形阵 75° 方向指向性图

11.2　水声换能器共形阵驱动电压的实测阵列流形优化加权

11.2.1　基于实测阵列流形的水声换能器基阵发射波束优化原理

　　在对水声换能器共形阵的接收信号进行波束形成处理时，考虑到水声换能器基阵的各通道不一致性、阵元位置误差、障板结构对接收信号的遮挡和散射，以及阵元间的相互作用等因素的影响，通常利用水声换能器基阵的实测阵列流形来进行接收信号的波束优化。根据声学互易原理，水声换能器阵发射与接收是互易的。

文献 [107] 中详细分析了水声换能器的声学互易原理, 介绍了水声换能器发射衍射系数和接收衍射系数的概念, 并且推导了水声换能器发射与接收时的一些特性。水声换能器阵发射时要受到障板的影响和阵元之间的相互作用, 还要受到阵元通道不一致等系统固有误差的影响, 水声换能器阵接收时同样要受到这些因素的影响。可以考虑利用实测到的水声换能器阵接收阵列流形来优化得到所需要的水声换能器阵发射时的驱动电压加权向量, 这样就可以减小用理论模型计算水声换能器基阵的驱动电压加权向量时所产生的相对于实际系统的误差。利用实测到的水声换能器共形阵的接收阵列流形来对水声换能器基阵的发射波束进行优化控制, 在国内外已有文献中还未见报道。本书提出一种基于水声换能器共形阵实测接收阵列流形来计算水声换能器基阵驱动电压加权向量的方法, 以获得低旁瓣的发射波束和良好的发射性能 [135]。

根据文献 [107] 中的讨论, 可以知道水声换能器的发射衍射系数和接收衍射系数的概念。假设水声换能器表面振速均匀, 把这个换能器放在自由场中, 使其容积速度为 U, 在远场距离 d 处产生的自由场声压为 p。在距离 d 处放上一个点源, 使其容积速度为 U_s, 它在水声换能器表面上产生的平均钳制声压为 $\bar{p}_b$, 在换能器处产生的自由场声压为 p_f, 则水声换能器的接收衍射系数为

$$D = \frac{\bar{p}_b}{p_f} \tag{11.18}$$

则由声学互易原理可推导得

$$\frac{p}{U} = D \left(\frac{\omega \rho}{4\pi d} \right) \tag{11.19}$$

式中, ω 为声波角频率; ρ 为声传播介质密度。

假设在水声换能器处用一个点源替代该换能器, 且该点源具有与水声换能器相同的容积速度 U, 则在距离 d 处产生的声压为

$$p_0 = \left(\frac{\omega \rho}{4\pi d} \right) U \tag{11.20}$$

由式 (11.19) 和式 (11.20) 可得

$$\frac{p}{p_0} = D \tag{11.21}$$

由式 (11.21) 计算出来的即为水声换能器的发射衍射系数, 它为水声换能器在自由场远场某点处产生的声压与用相同容积速度的点源替代水声换能器时, 在该点处产生的声压之比, 在数值上与水声换能器的接收衍射系数相等。水声换能器的发射衍射系数 D 可以通过边界元法计算得到。发射衍射系数与接收衍射系数既包括幅度还可以包括相位, 若设水声换能器发射时的振速与接收时点源的振速初始

相位都为 0, 则根据声学互易原理, 发射衍射系数的相位与接收衍射系数的相位也相同。

　　假设水声换能器为电压驱动活塞式水声换能器, 由第 3 章中介绍的水声换能器等效电路模型 (图 3.1) 可得到水声换能器的发射等效电路图如图 11.11 所示。其中, C_0 为静态电容, 静态电阻 R_0 忽略不计, n 为换能器的机电转换系数, Z_m 为水声换能器的机械阻抗, Z_s 为水声换能器在水中振动时的辐射阻抗。这些参数都可以通过不同的模型计算得到或通过实验测量得到。E 为加在水声换能器上的驱动电压, I、I_0 和 I_d 为水声换能器电路中不同支路上产生的电流, F 为水声换能器电能转化为机械能后在机械端产生的力, v 为水声换能器振动时的振速。

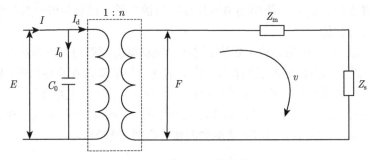

图 11.11　水声换能器发射等效电路图

　　对于由 L 个相同的活塞式水声换能器组成的水声换能器阵, 由式 (3.13) 可得水声换能器阵的驱动电压与其振速满足如下关系:

$$\boldsymbol{V} = n\boldsymbol{Z}^{-1}\boldsymbol{E} \tag{11.22}$$

式中, n 为水声换能器基阵中各阵元的机电转换系数; $\boldsymbol{Z}$ 为基阵的互阻抗矩阵, 由式 (6.9) 得到; $\boldsymbol{E} = (E_1, E_2, \cdots, E_L)^{\mathrm{T}}$ 为水声换能器基阵各阵元上的驱动电压组成的向量; $\boldsymbol{V} = (v_1, v_2, \cdots, v_L)^{\mathrm{T}}$ 为水声换能器上产生的振速组成的向量。

　　水声换能器的接收等效电路图如图 11.12 所示。其中, $F = Dp_{\mathrm{f}}S$ 代表自由场声压作用在水声换能器表面上的力, D 表示水声换能器的接收衍射系数, p_{f} 表示自由场声压, S 表示水声换能器表面的面积。Z_s 为水声换能器在水中振动时的辐射阻抗, Z_m 为水声换能器的机械阻抗, Z_e 为水声换能器振速为 0 时的电阻抗。根据声学互易原理, 水声换能器接收时的机械阻抗和辐射阻抗与发射时的机械阻抗和辐射阻抗相同。n_{r} 为水声换能器接收时的机电转换系数, v 为入射声波作用在水声换能器表面上使水声换能器振动时产生的振速。

　　以上各参数满足如下关系:

$$F = Dp_{\mathrm{f}}S = (Z_{\mathrm{s}} + Z_{\mathrm{m}})v \tag{11.23}$$

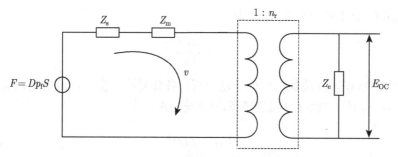

图 11.12 水声换能器接收等效电路图

水声换能器接收时的输出开路电压为

$$E_{OC} = n_r v \tag{11.24}$$

式中，n_r 为水声换能器接收时的机电转换系数；v 为水声换能器的振速。

对于由多个水声换能器组成的水声换能器阵，接收时跟发射时一样，同样设该基阵的互阻抗矩阵为 $\boldsymbol{Z}$，与发射时的互阻抗矩阵相同，则入射声波作用在该基阵上的力向量与该基阵产生的振速向量满足：

$$\boldsymbol{F} = \boldsymbol{Z}\boldsymbol{V} \tag{11.25}$$

这与发射时的情况是一样的。

由式 (11.20) 和式 (11.21) 可得水声换能器的辐射声压与水声换能器的振速满足：

$$p = Dp_0 = \frac{\omega\rho S}{4\pi d} Dv \tag{11.26}$$

式中，S 为水声换能器辐射面的表面积；d 为辐射声场远场区场点与水声换能器辐射面等效中心之间的距离；D 为水声换能器的发射衍射系数，既包括幅度又包括相位。

假设水声换能器基阵由 L 个水声换能器组成，要计算其辐射声场声压，把水声换能器阵辐射声场远场一定距离处的圆周平分为 M 个场点，场点与阵中心的连线确定了辐射声场的 M 个方向，假设在第 i 个方向上水声换能器基阵第 j 个水声换能器的发射衍射系数为 D_{ij}，则 M 个方向上 L 个水声换能器的发射衍射系数组成的系数矩阵为

$$\boldsymbol{D} = \begin{bmatrix} D_{11} & D_{12} & \cdots & D_{1L} \\ D_{21} & D_{22} & \cdots & D_{2L} \\ \vdots & \vdots & & \vdots \\ D_{M1} & D_{M2} & \cdots & D_{ML} \end{bmatrix} \tag{11.27}$$

在式 (11.26) 中令系数为 λ, 即

$$\lambda = \frac{\omega\rho S}{4\pi d} \tag{11.28}$$

对水声换能器阵施加一定的驱动电压, 各阵元产生振速组成的向量为 $\boldsymbol{V} = (v_1, v_2, \cdots, v_L)^{\mathrm{T}}$, 则水声换能器阵辐射声场的声压为

$$\boldsymbol{P}_{\mathrm{Q}} = \lambda \boldsymbol{D}\boldsymbol{V} \tag{11.29}$$

式中, $\boldsymbol{P}_{\mathrm{Q}}$ 表示水声换能器阵辐射声场远场上 M 个方向上的声压组成的列向量。

将式 (11.22) 代入式 (11.29) 可得

$$\boldsymbol{P}_{\mathrm{Q}} = n\lambda \boldsymbol{D}\boldsymbol{Z}^{-1}\boldsymbol{E} \tag{11.30}$$

由式 (11.30) 可知对水声换能器基阵施加一定的电压加权向量 $\boldsymbol{E}$ 就可以控制该基阵的辐射声场声压 $\boldsymbol{P}_{\mathrm{Q}}$。

对于水声换能器基阵接收时的情况, 由式 (11.25) 可得, 水声换能器的振速为

$$\boldsymbol{V} = \boldsymbol{Z}^{-1}\boldsymbol{F} \tag{11.31}$$

由式 (11.24)、式 (11.31) 可得水声换能器阵接收时的输出开路电压为

$$\boldsymbol{E}_{\mathrm{OC}} = n_{\mathrm{r}}\boldsymbol{Z}^{-1}\boldsymbol{F} \tag{11.32}$$

根据声学互易原理, 接收时的衍射系数与发射时的衍射系数相同, 都由式 (11.27) 所确定, 假设水声换能器基阵各阵元上各方向上的入射自由场声压 p_{f} 都相同, 各水声换能器的表面积 S 也相同, 则水声换能器基阵 L 个阵元上 M 个方向上入射声波产生的作用力为

$$\boldsymbol{F} = \boldsymbol{D}^{\mathrm{T}}p_{\mathrm{f}}S \tag{11.33}$$

将式 (11.33) 代入式 (11.32) 可得

$$\boldsymbol{E}_{\mathrm{OC}} = n_{\mathrm{r}}p_{\mathrm{f}}S \cdot \boldsymbol{Z}^{-1}\boldsymbol{D}^{\mathrm{T}} \tag{11.34}$$

式中, $\boldsymbol{E}_{\mathrm{OC}}$ 为一个 $L \times M$ 矩阵, 表示水声换能器阵接收时 L 个阵元上 M 个方向上对远场平面波的响应, 包括幅度响应和相位响应, 即为水声换能器阵的阵列流形矩阵, 可以通过实验测量得到。

将式 (11.34) 转置可得到

$$\boldsymbol{E}_{\mathrm{OC}}^{\mathrm{T}} = n_{\mathrm{r}}p_{\mathrm{f}}S \cdot \boldsymbol{D}(\boldsymbol{Z}^{-1})^{\mathrm{T}} \tag{11.35}$$

由于水声换能器基阵的互阻抗矩阵 $\boldsymbol{Z}$ 为一个对称矩阵, 则有

$$(\boldsymbol{Z}^{-1})^{\mathrm{T}} = (\boldsymbol{Z}^{\mathrm{T}})^{-1} = \boldsymbol{Z}^{-1} \tag{11.36}$$

将式 (11.36) 代入式 (11.35) 可得

$$\boldsymbol{E}_{\mathrm{OC}}^{\mathrm{T}} = n_{\mathrm{r}} p_{\mathrm{f}} S \cdot \boldsymbol{D} \boldsymbol{Z}^{-1} \tag{11.37}$$

由式 (11.37) 可得

$$\boldsymbol{D} \boldsymbol{Z}^{-1} = \frac{1}{n_{\mathrm{r}} p_{\mathrm{f}} S} \boldsymbol{E}_{\mathrm{OC}}^{\mathrm{T}} \tag{11.38}$$

将式 (11.38) 代入式 (11.30) 可得

$$\boldsymbol{P}_{\mathrm{Q}} = \frac{n\lambda}{n_{\mathrm{r}} p_{\mathrm{f}} S} \boldsymbol{E}_{\mathrm{OC}}^{\mathrm{T}} \boldsymbol{E} \tag{11.39}$$

将式 (11.28) 代入式 (11.39) 可得

$$\boldsymbol{P}_{\mathrm{Q}} = \frac{\omega \rho n}{4\pi d n_{\mathrm{r}} p_{\mathrm{f}}} \boldsymbol{E}_{\mathrm{OC}}^{\mathrm{T}} \boldsymbol{E} \tag{11.40}$$

式 (11.40) 把水声换能器阵的辐射声场声压与接收阵列流形及驱动电压联系起来。通过实验测量得到水声换能器阵的接收阵列流形矩阵 $\boldsymbol{E}_{\mathrm{OC}}$ 后, 就可以用优化的方法求出水声换能器阵的驱动电压加权向量来控制水声换能器阵的发射波束。

由于发射水声换能器阵各阵元驱动电压的最大幅值是受限制的, 要对发射波束的旁瓣级进行控制, 同时要使水声基阵的发射声源级尽可能的高, 这就要在水声基阵各阵元驱动电压的最大幅值一定的情况下使得水声基阵轴向辐射声压最大。为了达到这个目的, 使得当水声基阵声轴方向上某点处的声压一定时, 驱动电压加权向量的模值最大值最小, 同时对发射波束的旁瓣进行约束。

设水声换能器阵驱动电压的加权列向量为 $\boldsymbol{W}_{\mathrm{E}}$, 由于要计算的是归一化的向量, 进行优化计算时可不考虑式 (11.40) 中的系数 $\dfrac{\omega \rho n}{4\pi d n_{\mathrm{r}} p_{\mathrm{f}}}$, 当水声换能器基阵声轴方向上远场某点处的声压一定, 要让水声换能器阵驱动电压加权向量的模值最大值最小, 同时对发射波束的旁瓣进行约束, 这就是下面的最优化问题:

$$\begin{cases} \min\limits_{\boldsymbol{W}} \quad [\max\limits_{j=1,\cdots,L}(|\boldsymbol{W}_{\mathrm{E}}(j)|)] \\ \text{s.t.} \quad \boldsymbol{E}_{\mathrm{OC}}(\theta_0)^{\mathrm{T}} \boldsymbol{W}_{\mathrm{E}} = 1 \\ \quad\quad |\boldsymbol{E}_{\mathrm{OC}}(\theta_{\mathrm{s}})^{\mathrm{T}} \boldsymbol{W}_{\mathrm{E}}| \leqslant \delta_{\mathrm{s}} \end{cases} \tag{11.41}$$

式中, L 为水声换能器基阵中水声换能器的个数; θ_0 为发射波束主瓣方向; θ_{s} 为发射波束旁瓣方向; δ_{s} 用于控制旁瓣级; $\boldsymbol{E}_{\mathrm{OC}}(\theta_0)$ 为主瓣 θ_0 方向的实测接收阵列流形向量, $\boldsymbol{E}_{\mathrm{OC}}(\theta_{\mathrm{s}})$ 为旁瓣 θ_{s} 方向的实测接收阵列流形向量。

可以用二阶锥优化算法来求解此优化问题[128−132]，从而求出所需要的水声换能器阵驱动电压的加权向量 W_E。把这个加权向量进行归一化，即同时除以这个向量的最大模值，然后乘上一个电压因子 (这个电压因子必须小于水声换能器阵所能施加的最大电压)，即可得到实际施加在水声换能器阵各阵元上的驱动电压。

11.2.2   仿真计算及实验结果

水声换能器共形阵的结构图如图 11.13 所示。它为一个 27 元阵，换能器安装在一半球形障板的两层圆弧线上，障板两侧为固定基阵用的弦边，障板下面是盖板。障板的半球形表面为橡胶，两侧为有机玻璃，下面盖板为铝合金。27 元阵分为前后两排，第一排居中，两排都左右对称，第一排有 14 个阵元，分别为 a1~a14，第二排有 13 个阵元，分别为 b1~b13。第一排阵元各阵元中心间距为 0.0452m，第二排阵元各阵元中心间距为 0.0453m，第一排与第二排阵元过半球心的平面之间的夹角为 12°。障板半球半径 $r = 0.216$m，每个活塞式水声换能器辐射面为矩形，长 $a = 0.04$m，宽 $b = 0.04$m，声波频率 $f = 12.5$kHz，水中声速 $c = 1500$m/s，声波长 $\lambda = 0.12$m。在消声水池中进行实验测量，在水声换能器基阵主轴方向左右 135° 范围内，每隔 3° 取一个点，分别测得水声换能器基阵各阵元对远场平面波信号的幅度响应和相位响应，这样就得到水声换能器基阵的阵列流形矩阵。分别采用两种方法对水声换能器阵的驱动电压进行加权。第一种方法为常规波束形成加权方法，即驱动电压的加权向量为按水声换能器基阵各阵元的几何位置利用平面波模型进行相位补偿所计算得到的加权向量[9]。第二种方法为用实测阵列流形优化加权方法，即利用式 (11.41) 计算出水声换能器阵的驱动电压加权向量。图 11.14 ~ 图 11.17 分别为仿真计算出的 27 元共形阵波束扫描在 0° 方向和 84° 方向时的辐射声压幅度与指向性图，实线代表水声换能器阵的驱动电压加权为用实测阵列流形优化加权方法计算出的加权向量，旁瓣约束到 −20dB，虚线代表驱动电压加权为平面波模型下常规波束形成加权向量，然后都利用式 (11.40) 计算出水声换能器阵的辐射声压。图 11.14 中纵坐标为计算所得到的水声换能器基阵辐射声压幅度除以常规波束形成加权时轴向最大辐射声压幅度，图 11.15 中纵坐标为计算所得到的水声换能器基阵辐射声压幅度除以常规波束形成加权扫描角在 0° 方向时的轴向最大辐射声压幅度。由图 11.14 ~ 图 11.17 可知，可以用实测阵列流形优化加权方法计算水声换能器阵的驱动电压加权向量来控制水声换能器基阵发射波束的旁瓣，以获得比较低的旁瓣级，用实测阵列流形优化加权仿真计算得到的发射波束最高旁瓣级为 −20dB，而用常规波束形成加权扫描角在 0° 和 84° 时的最高旁瓣级分别为 −11.0dB 和 −11.3dB。另外，由于对发射波束的旁瓣施加了约束，发射波束的主瓣最大声压幅度会有所降低，用实测阵列流形优化加权方法能够使得在水声换能器基阵各阵元驱动电压的最大幅值一定时波束扫描的轴向辐射声压最大，对应于图

11.14 和图 11.16 中用实测阵列流形优化加权后水声换能器基阵的最大辐射声压相对于常规波束形成加权时的最大辐射声压降低得不多,分别降低 0.87dB 和 0.3dB。另外,在水声换能器基阵中,由于障板的影响,各水声换能器所辐射的声波会发生衍射和绕射,使得水声换能器基阵波束扫描到旁侧时,轴向最大辐射声压会下降,但此水声换能器共形阵的扫描范围比较大,轴向最大辐射声压降低得不多,常规波束形成加权扫描角在 84° 时的轴向最大辐射声压比 0° 时降低 3.2dB。仿真计算结果表明,可以用实测阵列流形优化加权方法来计算水声换能器阵的驱动电压加权向量以获得低旁瓣的发射波束,同时在水声换能器基阵各阵元驱动电压的最大幅值一定的情况下使发射波束的轴向辐射声压最大。

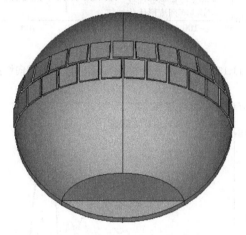

图 11.13 水声换能器共形阵的结构图

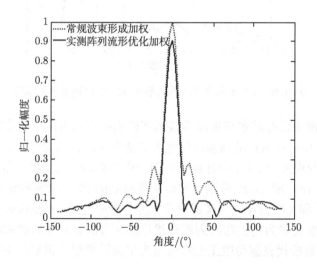

图 11.14 27 元水声换能器共形阵 0° 方向辐射声压幅度

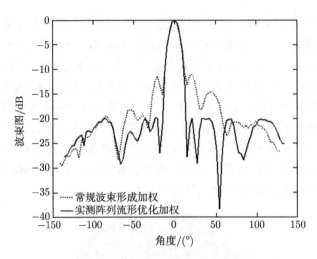

图 11.15　27 元水声换能器共形阵 0° 方向指向性图

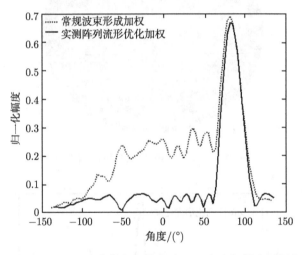

图 11.16　27 元水声换能器共形阵 84° 方向辐射声压幅度

　　在消声水池中进行此水声换能器共形阵的辐射声压指向性的实验测量。工作频率 $f = 12.5\text{kHz}$。在对换能器基阵的输入驱动电压进行加权时，最大输入电压为 4V，相当于对利用式 (11.41) 所计算出的归一化的驱动电压加权向量乘上 4V 的电压因子。图 11.18～ 图 11.21 分别为实验测量得到的 27 元水声换能器共形阵波束扫描在 0° 方向和 84° 方向时的辐射声压幅度与指向性图，实线代表水声换能器阵的驱动电压加权向量为用实测阵列流形优化加权方法计算出的加权向量，旁瓣约束到 −20dB，虚线代表驱动电压加权向量为平面波模型下常规波束形成加权。图 11.18 中纵坐标为实验测量得到的水声换能器基阵辐射声压幅度除以常规波束形成

加权时轴向最大辐射声压幅度，图 11.20 中纵坐标为实验测量得到的水声换能器基
阵辐射声压幅度除以常规波束形成加权扫描角在 0° 方向时的轴向最大辐射声压幅
度。由图 11.18∼ 图 11.21 可知，实验测量得到的结果与上面仿真计算的结果基本
一致，表明可以用实测阵列流形优化加权方法来计算水声换能器基阵的驱动电压
加权向量来获得比较低的发射波束旁瓣。实验测量得到的用实测阵列流形优化加
权扫描角在 0° 和 84° 时的发射波束最高旁瓣级分别为 −17.1dB 和 −13.9dB，而
实验测量得到的常规波束形成加权扫描角在 0° 和 84° 时的发射波束最高旁瓣级
分别为 −13.9dB 和 −6.6dB。可见，用实测阵列流形优化加权比用常规波束形成加权

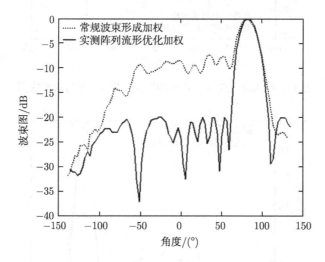

图 11.17　27 元水声换能器共形阵 84° 方向指向性图

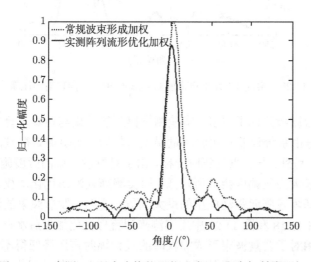

图 11.18　实测 27 元水声换能器共形阵 0° 方向辐射声压幅度

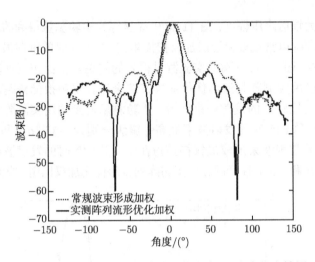

图 11.19　实测 27 元水声换能器共形阵 0° 方向指向性图

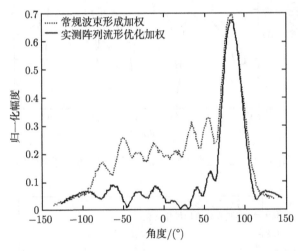

图 11.20　实测 27 元水声换能器共形阵 84° 方向辐射声压幅度

时发射波束的旁瓣级降低了很多。实验测量得到的结果与仿真计算的结果也有一定的差别，这是由系统误差及实验测量误差引起的，实验测量得到的阵列流形也有一定的误差。另外，与仿真计算时一样，由于对发射波束的旁瓣施加了约束，发射波束的主瓣最大声压幅度会有所降低。用实测阵列流形优化加权方法能够使得在水声换能器基阵各阵元驱动电压的最大幅值一定时，发射波束的轴向辐射声压最大，对应于图 11.18 和图 11.20 中用实测阵列流形优化加权后水声换能器基阵的最大辐射声压相对于常规波束形成加权时的最大辐射声压降低得不多，分别降低 1.13dB 和 0.29dB。可见，实验测量得到结果与仿真计算的结果十分一致，从而验证了用实测阵列流形优化加权方法对共形阵发射波束进行优化的正确性与有效性。另外，从实验结果也可看出，此共形阵的扫描范围比较大，波束扫描到旁侧时轴向最大辐射声压降低得不多，常规波束形成加权扫描角在 84° 时的轴向最大辐射声压比 0° 时降低了 3.12dB，这与前面仿真计算的结果也是一致的。

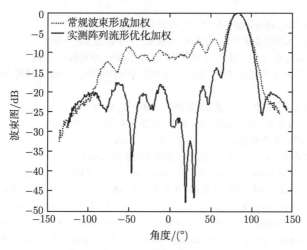

图 11.21 实测 27 元水声换能器共形阵 84° 方向指向性图

11.3 本章小结

本章提出了两种计算水声换能器共形阵的驱动电压加权来对其发射波束进行优化的方法。一种方法是边界元模型优化加权方法，即用边界元理论结合优化方法来求解水声换能器共形阵的驱动电压加权向量，以获得低旁瓣的发射波束和良好的发射性能。另一种方法是实测阵列流形优化加权方法，即利用水声换能器共形阵的实测阵列流形结合优化方法计算水声换能器基阵的驱动电压加权向量，来获得低旁瓣的发射波束和良好的发射性能。在消声水池中对水声换能器共形阵的辐射声压指向性进行了实验测量，水池实验结果验证了这两种优化加权方法的正确性与有效性。

参 考 文 献

[1] 何祚镛, 赵玉芳. 声学理论基础 [M]. 北京: 国防工业出版社, 1981.

[2] 刘伯胜, 雷家煜. 水声学原理 [M]. 哈尔滨: 哈尔滨工程学院出版社, 1993.

[3] 田坦, 刘国枝, 孙大军. 声呐技术 [M]. 哈尔滨: 哈尔滨工程大学出版社, 2000.

[4] 马远良. 水声信号处理面临的挑战与发展潜力 [C]. 中国声学学会 2002 年全国声学学术会议论文集. 桂林, 2002.

[5] 周福洪. 水声换能器及基阵 [M]. 北京: 国防工业出版社, 1984.

[6] 杜功焕, 朱哲明, 龚秀芬. 声学基础 [M]. 南京: 南京大学出版社, 2001.

[7] 马大猷. 现代声学理论基础 [M]. 北京: 科学出版社, 2004.

[8] 李启虎. 数字式声纳设计原理 [M]. 合肥: 安徽教育出版社, 2002.

[9] Kummer W H. Basic array theory[J]. Proceedings of the IEEE, 1992, 80(1): 127-140.

[10] 伯迪克 W S. 水声系统分析 [M]. 方良嗣, 阎福旺, 等, 译. 北京: 海洋出版社, 1992.

[11] Kinsler L E. Fundamentals of acoustics[M]. New Jersey: John Wiley&Sons, Inc, 2000.

[12] Decarpigny J N, Hamonic B, Wilson O B. The design of low frequency underwater acoustic projectors: present status and future trends[J]. IEEE Journal of Oceanic Engineering, 1991, 16(1): 107-122.

[13] Audoly C. Some aspects of acoustic interactions in sonar transducer arrays[J]. The Journal of the Acoustical Society of America, 1991, 89(3): 1428-1433.

[14] Yokoyama T, Henmi M, Hasegawa A. Effects of mutual interactions on a phased transducer array[J]. Japanese Journal of Applied Physics, 1998, 37(5): 3166-3171.

[15] Yokoyama T, Teshima T, Hasegawa A. A new method for designing acoustic phased arrays considering differences among vibration velocities of elements caused by mutual interaction[J]. Japanese Journal of Applied Physics, 1999, 38(5): 3356-3360.

[16] Girvan T F J, Fusco V F, Roberts A. A method for calculating the radiation pattern of a non-planar conformal array[C]. 6th IEEE High Frequency Postgraduate Student Colloquium. Cardiff, 2001: 111-118.

[17] Banach M, Cunningham J. Synthesis of arbitrary and conformal arrays using non-linear optimization techniques[C]. Proceeding of the 1998 IEEE National Radar Conference. Ann Arbor, 1988: 38-43.

[18] Jiao Y C, Wei W Y. A new low-side-lobe pattern synthesis technique for conformal arrays[J]. IEEE Transactions on Antennas and Propagation, 1993, 41(6): 824-831.

[19] Guy R F E. Spherical coverage from planar, conformal and volumetric arrays[C]. IEEE National Conference on Antennas and Propagation. York, 1999: 287-290.

[20] Carson D L. Diagnosis and cure of erratic velocity distributions in sonar projector arrays[J]. The Journal of the Acoustical Society of America, 1962, 34(9A): 1191-1195.

[21] Allik H, Webman K M, Hunt J T. Vibrational response of sonar transducers using piezoelectric finite elements[J]. The Journal of the Acoustical Society of America, 1974, 56(6): 1782-1791.

[22] Smith R R. Finite element analysis of acoustically radiating structures with applications to sonar transducers[J]. The Journal of the Acoustical Society of America, 1973, 54(5): 1277-1288.

[23] Hamonic B, Debus J C, Decarpigny J N, et al. Analysis of a radiating thin-shell sonar transducer using the finite-element method[J]. The Journal of the Acoustical Society of America, 1989, 86(4): 1245-1253.

[24] 贺西平, 孙进才, 李斌. 低频大功率稀土磁致伸缩弯张换能器的有限元设计理论及实验研究: I 理论部分 [J]. 声学学报, 2000, 25(6): 521-527.

[25] 莫喜平. Terfenol-D 鱼唇式弯张换能器 [J]. 声学学报, 2001, 26(1): 25-28.

[26] Zhou T, Lan Y, Zhang Q, et al. A conformal driving class IV flextensional transducer[J]. Sensors, 2018, 18(7): 2102.

[27] Bossut R, Decarpigny J N. Finite element modeling of radiating structures using dipolar damping elements[J]. The Journal of the Acoustical Society of America, 1989, 86(4): 1234-1244.

[28] Naidu B, Rao A B, Prasad N S, et al. Low frequency acoustic projectors for underwater applications[J]. Integrated Ferroelectrics, 2010, 118(1): 86-94.

[29] Jarng S S. Comparison of barrel-stave sonar transducer simulations between a coupled FE-BEM and ATILA[J]. IEEE Sensors Journal, 2003, 3(4): 439-446.

[30] Moosad K P B, Abraham P. Design optimization of a class VII flextensional transducer[J]. Applied Acoustics, 2015, 100: 3-9.

[31] Farn C L S, Huang H. Transient acoustic fields generated by a body of arbitrary shape[J]. The Journal of the Acoustical Society of America, 1968, 43(2): 252-257.

[32] Freedman A. Transient fields of acoustic radiators[J]. The Journal of the Acoustical Society of America, 1970, 48(1B): 135-138.

[33] Hu Q, Wu S F. An explicit integral formulation for transient acoustic radiation[J]. The Journal of the Acoustical Society of America, 1998, 104(6): 3251-3258.

[34] Hasheminejad S M, Mojahed A. Transient sound radiation from an impulsively excited piezoelectric composite hollow sphere in a wedge-shaped acoustic domain[J]. Wave Motion, 2016, 62: 1-19.

[35] Lee C, Benkeser P J. A computationally efficient method for the calculation of the transient field of acoustic radiators[J].The Journal of the Acoustical Society of America, 1994, 96(1): 545-551.

[36] Stepanishen P R. Transient radiation from pistons in an infinite planar baffle[J]. The Journal of the Acoustical Society of America, 1971, 49(5B): 1629-1638.

[37] Piwakowski B, Sbai K. A new approach to calculate the field radiated from arbitrarily structured transducer arrays[J]. IEEE Transactions on Ultrasonics Ferroelectrics & Frequency Control, 1999, 46(2): 422-440.

[38] Stepanishen P R. Acoustic transient radiation and scattering from fluid-loaded elastic shells using convolution methods[J]. The Journal of the Acoustical Society of America, 1997, 102(1): 110-119.

[39] Stepanishen P R, Chen H W. Acoustic time-dependent loading on elastic shells of revolution using the internal source density and singular value decomposition method[J]. The Journal of the Acoustical Society of America, 1996, 99(4): 1913-1923.

[40] Ketterling J A, Lizzi F L. Time-domain pressure response of arrays with periodic excitation[J]. The Journal of the Acoustical Society of America, 2003, 114(1): 48-51.

[41] Koopmann G H, Song L, Fahnline J B. A method for computing acoustic fields based on the principle of wave superposition[J]. The Journal of the Acoustical Society of America, 1989, 86(6): 2433-2438.

[42] Song L, Koopmann G H, Fahnline J B. Numerical errors associated with the method of superposition for computing acoustic fields[J]. The Journal of the Acoustical Society of America, 1991, 89(6): 2625-2633.

[43] Fahnline J B, Koopmann G H. A numerical solution for the general radiation problem based on the combined methods of superposition and singular-value decomposition[J]. The Journal of the Acoustical Society of America, 1991, 90(5): 2808-2818.

[44] Stepanishen P R . The forward projection of harmonic pressure fields using the generalized internal source density method[J]. The Journal of the Acoustical Society of America, 1997, 102(4): 1955-1963.

[45] Stepanishen P R. A generalized internal source density method for the forward and backward projection of harmonic pressure fields from complex bodies[J]. The Journal of the Acoustical Society of America, 1997, 101(6): 3270-3277.

[46] Jeans R, Mathews I C. The wave superposition method as a robust technique for computing acoustic fields[J]. The Journal of the Acoustical Society of America, 1992, 92(2): 1156-1166.

[47] Wu T W. A direct boundary element method for acoustic radiation and scattering from mixed regular and thin bodies[J]. The Journal of the Acoustical Society of America, 1995, 97(1): 84-91.

[48] Chappell D J, Harris P J, Henwood D J, et al. A stable boundary element method for modeling transient acoustic radiation[J]. The Journal of the Acoustical Society of America, 2006, 120(1): 74-79.

[49] Wright L, Robinson S P, Humphrey V F. Prediction of acoustic radiation from axisymmetric surfaces with arbitrary boundary conditions using the boundary element method on a distributed computing system[J]. The Journal of the Acoustical Society of America, 2009, 125(3): 1374-1383.

[50] Chen L H, Schweikert D G. Sound radiation from an arbitrary body[J]. The Journal of the Acoustical Society of America, 1963, 35(10): 1626-1632.

[51] Chertock G. Sound radiation from vibrating surfaces[J]. The Journal of the Acoustical Society of America, 1964, 36(7): 1305-1313.

[52] Copley L G. Integral equation method for radiation from vibrating bodies[J]. The Journal of the Acoustical Society of America, 1967, 41(4): 807-816.

[53] Copley L G. Fundamental results concerning integral representations in acoustic radiation[J]. The Journal of the Acoustical Society of America, 1968, 44(1): 28-32.

[54] Schenck H A. Improved integral formulation for acoustic radiation problems[J]. The Journal of the Acoustical Society of America, 1968, 44(1): 41-58.

[55] Meyer W L, Bell W A, Stallybrass M P, et al. Prediction of the sound field radiated from axisymmetric surfaces[J]. The Journal of the Acoustical Society of America, 1979, 65(3): 631-638.

[56] Cunefare K A, Koopmann G, Brod K. A boundary element method for acoustic radiation valid for all wave numbers[J]. The Journal of the Acoustical Society of America, 1989, 85(1): 39-48.

[57] Soenarko B. A boundary element formulation for radiation of acoustic waves from axisymmetric bodies with arbitrary boundary conditions[J]. Journal of the Acoustical Society of America, 1993, 93(2): 631-639.

[58] Piaszczyk C M, Klosner J M. Acoustic radiation from vibrating surfaces at characteristic frequencies[J]. The Journal of the Acoustical Society of America, 1984, 75(2): 363-375.

[59] 张胜勇, 陈心昭. 应用三次 B 样条函数插值的边界元法计算结构振动声辐射问题 [J]. 声学技术, 1998, 17(1): 20-23.

[60] 汪鸿振, 郭珉. 用边界元法计算声辐射时高次奇异积分的处理方法 [J]. 声学技术, 1996, 15(3): 97-100.

[61] 商德江, 何祚镛. 加肋双层圆柱壳振动声辐射数值计算分析 [J]. 声学学报, 2001, 26(3): 193-201.

[62] 闫再友, 姜楫. 声学边界元方法中超奇异值积分处理的新方法 [J]. 声学学报, 2001, 26(3): 282-286.

[63] Chien C C, Rajiyah H, Atluris N. An effective method for solving the hyper singular integral equations in 3D acoustics[J]. The Journal of the Acoustical Society of America, 1998, 88(2): 918-937.

[64] 何正耀, 马远良, 蒋伟, 等. 任意阵形水声换能器阵辐射声场计算 [J]. 应用声学, 2006, 25(2): 69-75.

[65] 何正耀, 马远良. 水声共形阵辐射指向性计算方法及其实验验证 [J]. 声学学报, 2007, 32(3): 270-274.

[66] Jun T. Low frequency broadband submarine acoustic actuator based on cymbal transducer[J]. Materials Research Innovations, 2014, 18(2): 412-418.

[67] Butler S C, Butler A L, Butler J L. Directional flextensional transducer[J]. The Journal of the Acoustical Society of America, 1992, 92(5): 2977-2979.

[68] Moosad K P B, Chandrashekar G, Joseph M J. Class IV flextensional transducer with a reflector[J]. Applied Acoustics, 2011, 72(2): 127-131.

[69] 蓝宇, 王文芝, 王智元. IV 弯张换能器的有限元法应力分析 [J]. 哈尔滨工程大学学报, 2001, 22(3): 33-36.

[70] Rolt K D. History of the flextensional electroacoustic transducer[J]. The Journal of the Acoustical Society of America, 1990, 87(3): 1340-1349.

[71] Brigham G, Glass B. Present status in flextensional transducer technology[J]. The Journal of the Acoustical Society of America, 1980, 68(4): 1046-1052.

[72] Royster L H. Flextensional underwater acoustics transducer[J]. The Journal of the Acoustical Society of America, 1969, 45(3): 671-682.

[73] Germano C P. Flexure mode piezoelectric transducers[J]. IEEE Transactions on Audio and Electroacoustics, 2005, 19(1): 6-12.

[74] 陈思, 蓝宇. 长轴加长型宽带弯张换能器 [J]. 声学学报, 2011, 36(6): 638-644.

[75] Aronov B S. Nonuniform piezoelectric circular plate flexural transducers with underwater applications[J]. The Journal of the Acoustical Society of America, 2015, 138(3): 1570-1584.

[76] Tressler J F, Newnham R E, Hughes W J. Capped ceramic underwater sound projector: the "cymbal" transducer[J]. The Journal of the Acoustical Society of America, 1999, 105 (2): 591-600.

[77] Hladky-Hennion A C, Uzgur A E, Markley D C, et al. Miniature multimode monolithic flextensional transducers[J]. IEEE Transactions on Ultrasonics, Ferroelectrics and Frequency Control, 2007, 54(10): 1992-2000.

[78] Jones D F, Christopher D A. A broadband omnidirectional barrel-stave flextensional transducer[J]. The Journal of the Acoustical Society of America, 1999, 106(2): 13-17.

[79] He Z Y, Sun C. Acoustic field calculation for a compact barrel-stave flextensional transducer array[J]. The Journal of the Acoustical Society of America, 2008, 123(5): 3116-3119.

[80] 何正耀, 马远良. 凹桶型弯张换能器有限元计算及其实验验证 [J]. 压电与声光, 2008, 30(6): 757-759.

[81] 蔡志恂, 高毅品, 申扣喜, 等. 用 Terfenol-D 驱动的凹筒型换能器 [J]. 声学技术, 2003, 22(3): 150-152.

[82] 蔡志恂, 高毅品, 申扣喜, 等. 凹筒型弯张式低频发射换能器 [J]. 应用声学, 2003, 22(3): 19-26.

[83] Nelson R A, Royster L H. Development of a mathematical model for the class V flextensional underwater acoustic transducer[J]. The Journal of the Acoustical Society of America, 1971, 49(5): 1609-1620.

[84] Brigham G A. Analysis of the class-IV flextensional transducer by use of wave mechanics[J]. The Journal of the Acoustical Society of America, 1974, 56(1): 31-39.

[85] 莫喜平, 姜广军. 弯张换能器的等效电路支路阻抗分析方法 [J]. 应用声学, 2001, 20(2): 12-17.

[86] Debus J C, Hamonic B, Damiri B. Analysis of a flextensional transducer using piece-part equivalent circuit models: determination of the shell contribution[C]. Oceans IEEE, Brest, 1994: 289-294.

[87] 蓝宇, 王智元, 王文芝. 弯张换能器的有限元设计 [J]. 声学技术, 2005, 24(4): 268-271, 276.

[88] Mcmahon G W. Performance of open ferroelectric ceramic cylinders in underwater transducers[J]. The Journal of the Acoustical Society of America, 1964, 36(3): 528-533.

[89] Meyer J R, Montgomery T, Hughes W. Tonpilz transducers designed using single crystal piezoelectrics[C]. Oceans IEEE, Biloxi, 2002: 2328-2333.

[90] Butler J L. Transducer figure of merit[J]. The Journal of the Acoustical Society of America, 2012, 132(4): 2158-2160.

[91] 莫喜平. 功能材料及其应用于换能器技术的研究进展 [J]. 物理, 2009, 38(3): 149-156.

[92] Ewart L M, Mclaughlin E A, Robinson H C. Mechanical and electromechanical properties of PMN-PT single crystals for naval sonar transducers[C]. 2007 Sixteenth IEEE International Symposium on the Applications of Ferroelectrics. Nara, 2007: 553-556.

[93] Amin A, Mclaughlin E, Robinson H. Mechanical and thermal transitions in morphotropic PZN-PT and PMN-PT single crystals and their implication for sound projectors[J]. IEEE Transactions on Ultrasonics, Ferroelectrics, and Frequency Control, 2007, 54(6): 1090-1095.

[94] Thompson S C, Meyer R J, Markley D C. Performance of tonpilz transducers with segmented piezoelectric stacks using materials with high electromechanical coupling coefficient[J]. The Journal of the Acoustical Society of America, 2014, 135(1): 155-164.

[95] He Z Y, Ma Y L. Advantage analysis of PMN-PT material for free-flooded ring transducers[J]. Chinese Physics B, 2011, 20(8): 256-262.

[96] 李国荣, 罗豪匙, 殷庆瑞. PMN-PT 驰豫铁电单晶及其超声换能器性能研究 [J]. 无机材料学报, 2001, 16(6): 1077-1083.

[97] 孙大志, 赵梅瑜, 罗豪甦, 等. PMN-PT 陶瓷材料的压电介电性能研究 [J]. 无机材料学报, 2000, 15(5): 939-942.

[98] 孟洪, 俞宏沛, 罗豪甦, 等. PMNT 及其在水声换能器中的应用 [J]. 声学与电子工程, 2004, 73(1): 22-26.

[99] Woollett R. Trends and problems in sonar transducer design[J]. Proceedings of the IEEE, 1963, 51(3): 512.

[100] Delany J. Bender transducer design and operation[J]. The Journal of The Acoustical Society of America, 2001, 109(2): 554-562.

[101] Trevorrow M, Fleming R. The towed torpedo emulator (TOTEM) system [C]. Oceans IEEE, Vancouver, 2007: 1-4.

[102] Crawford J, Purcell C, Armstrong B. A modular projector system: modeled versus measured performance[C]. Proceedings of UDT Europe 2006. Hamburg, 2006: 1-9.

[103] 桑永杰, 蓝宇, 吴彤, 等. 外液腔式 Janus-Helmholtz 水声换能器 [J]. 声学学报, 2017, 42(4): 397-402.

[104] 张振雨, 王艳, 陈光华. 一款低频双端纵振 - 亥姆霍兹换能器 [J]. 声学技术, 2015, 34(2): 188-192.

[105] Mosca F, Matte G, Shimura T. Low-frequency source for very long-range underwater communication[J]. The Journal of the Acoustical Society of America, 2013, 133(1): 61-67.

[106] He Z Y, Chen G, Wang Y, et al. Finite element calculation with experimental verification for a free-flooded transducer based on fluid cavity structure[J]. Sensors, 2018, 18(9): 3128.

[107] Bobber R J. Diffraction constants of transducers[J].The Journal of the Acoustical Society of America, 1965, 37(4): 591-595.

[108] Lee J, Seo I, Han S M. Radiation power estimation for sonar transducer arrays considering acoustic interaction[J]. Sensors and Actuators A: Physical, 2001, 90(1-2): 1-6.

[109] Lee H, Tak J, Moon W, et al. Effects of mutual impedance on the radiation characteristics of transducer arrays[J]. The Journal of the Acoustical Society of America, 2004, 115(2): 666-679.

[110] Klapman S J. Interaction impedance of a system of circular pistons[J]. The Journal of the Acoustical Society of America, 1940, 11(3): 289-295.

[111] Pritchard P L. Mutual acoustic impedance between radiators in an infinite rigid plane[J]. The Journal of the Acoustical Society of America, 1960, 32(6): 730-737.

[112] Arase E M. Mutual radiation impedance of square and rectangular pistons in a rigid infinite baffle[J]. The Journal of the Acoustical Society of America, 1964, 36(8): 1521-1525.

[113] Chan K C. Mutual acoustic impedance between flexible disks of different sizes in an infinite rigid plane[J]. The Journal of the Acoustical Society of America, 1967, 42(5): 1060-1063.

[114] Sherman C H. Mutual radiation impedance of sources on a sphere[J]. The Journal of the Acoustical Society of America, 1959, 31(7): 947-952.

[115] Greenspon J E. Mutual-radiation impedance and nearfield pressure for pistons on a cylinder[J]. The Journal of the Acoustical Society of America, 1964, 36(1): 149-153.

[116] Oishi T, Brown D A. Measurements of mutual radiation impedance between baffled cylindrical shell transducers[J]. The Journal of the Acoustical Society of America, 2007, 122(3): 1581.

[117] Aronov B, Brown D A, Bachand C L. Effects of coupled vibrations on the acoustical performance of underwater cylindrical shell transducers[J]. The Journal of the Acoustical Society of America, 2007, 122(6): 3419-3427.

[118] Chen S H, Liu Y J. A unified boundary element method for the analysis of sound and shell-like structure interactions. I. Formulation and verification[J]. The Journal of the Acoustical Society of America, 1999, 106(3): 1247-1254.

[119] Porter D T. Self- and mutual-radiation impedance and beam patterns for flexural disks in a rigid plane[J]. The Journal of the Acoustical Society of America, 1964, 36(6): 1154-1161.

[120] Mangulis V. Nearfield pressure for a steered array of strips[J]. The Journal of the Acoustical Society of America, 1965, 38(1): 78-85.

[121] Mangulis V. Nearfield pressure for an infinite phased array of circular pistons[J]. The Journal of the Acoustical Society of America, 1967, 41(2): 412-418.

[122] Sherman C H. Analysis of acoustic interactions in transducer arrays[J]. IEEE Transactions on Sonics and Ultrasonics, 1966, 13(1): 9-15.

[123] Torres A M, Mateo J, Vicente L M. Performance analysis of narrowband beamforming using fully and partial adaptive beamformers with a spherical array[J]. Multidimensional Systems and Signal Processing, 2017, 28(4): 1325-1341.

[124] 杨益新, 孙超, 马远良. 宽带低旁瓣时域波束形成 [J]. 声学学报, 2003, 28(4): 331-338.

[125] Wu R, Ma Y, James R D. Array pattern synthesis and robust beamforming for a complex sonar system[J]. IEEE Proceedings-Radar, Sonar and Navigation, 1997, 144(6): 370-376.

[126] Vaccaro C. The past, present, and the future of underwater acoustic signal processing[J]. IEEE Signal Processing Magazine, 1998, 15(4): 21-51.

[127] Liu J, Gershman A B, Luo Z Q, et al. Adaptive beamforming with sidelobe control: A second-order cone programming approach[J]. IEEE Signal Processing Letters, 2003, 10(11): 331-334.

[128] Yan S F, Ma Y L. Frequency invariant beamforming via jointly optimizing spatial and frequency responses[J]. Progress in Natural Science, 2005, 15(4): 368-374.

[129] Yan S F, Sun H H, Svensson U P, et al. Optimal modal beamforming for spherical microphone arrays[J]. IEEE Transactions on Audio, Speech, and Language Processing, 2011, 19(2): 361-371.

[130] Bai M R, Chen C C. Application of convex optimization to acoustical array signal processing[J]. Journal of Sound and Vibration, 2013, 332(25): 6596-6616.

[131] 鄢社锋, 马远良, 孙超. 任意几何形状和阵元指向性的传感器阵列优化波束形成方法 [J]. 声学学报, 2005, 30(3): 264-270.

[132] Yan S F, Ma Y L. Robust supergain beamforming for circular array via second-order cone programming[J]. Applied Acoustics, 2005, 66(9): 1018-1032.

[133] 何正耀, 马远良. 水声共形阵障板影响和阵元互耦计算及发射波束优化 [J]. 科学通报, 2007, 52(16): 1964-1969.

[134] He Z Y, Ma Y L. Calculation of baffle effect and mutual interaction between elements for an underwater acoustic conformal array with application to the optimization of projecting beam-pattern[J]. Chinese Science Bulletin, 2007, 52(18): 2584-2591.

[135] He Z Y, Ma Y L. Optimization of transmitting beam patterns of a conformal transducer array[J]. The Journal of the Acoustical Society of America, 2008, 123(5): 2563-2569.

[136] 栾桂东, 张金铎, 王仁乾. 压电换能器和换能器阵 [M]. 北京: 北京大学出版社, 2005.

[137] Sherman C H, Butler J L. Transducers and arrays for underwater sound[M]. New York: Springer, 2007.

[138] Zhang S J, Li F, Jiang X N, et al. Advantages and challenges of relaxor-PbTiO3 ferroelectric crystals for electroacoustic transducers – a review[J]. Progress in Materials Science, 2015, 68: 1-66.

[139] Sun E W, Cao W W. Relaxor-based ferroelectric single crystals: growth, domain engineering, characterization and applications[J]. Progress in Materials Science, 2014, 65: 124-210.

[140] Been K, Nam S, Lee H, et al. A lumped parameter model of the single free-flooded ring transducer[J]. The Journal of the Acoustical Society of America, 2017, 141(6): 4740-4755.

[141] Stumpf F B, Lukman F J. Radiation resistance of magnetostrictive-stack transducer in presence of second transducer at air-water surface[J]. The Journal of the Acoustical Society of America, 1960, 32(11): 1420-1422.

[142] Stumpf F B. Interaction radiation resistance for a line array of two and three magnetostrictive-stack transducers at an air-water surface[J]. The Journal of the Acoustical Society of America, 1964, 36(1): 174-176.

[143] Stumpf F B, Lam Y Y. Radiation resistance of a small transducer at a water surface near plane boundaries[J]. The Journal of the Acoustical Society of America, 1970, 47(1B): 332-338.

[144] Stumpf F B, Crum L A. Interaction radiation resistance and reactance measurements for two small transducers at an air water surface[J]. The Journal of the Acoustical Society of America,

1966, 40(6): 1554-1555.

[145] Stumpf F B, Junit A M. Effect of a spherical scatterer on the radiation reactance of a transducer at an air–water surface[J]. The Journal of the Acoustical Society of America, 1980, 67(2): 715-716.

[146] Wang W P, Atalla N, Nicolas J. A unique boundary integral approach for acoustic radiation of axisymmetric bodies with arbitrary boundary conditions[J]. The Journal of the Acoustical Society of America, 1997, 101(3): 1468-1478.

[147] Zhao J, Liu G R, Zheng H, et al. A novel technique in boundary integral equations for analyzing acoustic radiation from axisymmetric bodies[J]. Journal of Sound and Vibration, 2001, 248(3): 461-475.

[148] 闫再友, 姜楫, 严明. 利用边界元法计算无界声场中结构体声辐射 [J]. 上海交通大学学报, 2000, 34(4): 520-523.

[149] 赵翔, 谢壮宁, 黄幼玲. 自由场结构体声辐射研究 [J]. 声学学报, 1994, 19(1): 22-31.

[150] 黎胜, 赵德有. 用边界元法计算结构振动辐射声场 [J]. 大连理工大学学报, 2000, 40(4): 391-394.

[151] Chandrabose M, Subash R, Pereira S V, et al. Metal ceramic segmented ring transducer under deep submergence conditions[J]. Defence Science Journal, 2017, 67(6): 612-616 .

[152] Aronov B S. Piezoelectric circular ring flexural transducers[J]. The Journal of the Acoustical Society of America, 2013, 134(2): 1021-1030.

[153] Wang W J, Shi W H, Thomas P, et al. Design and analysis of two piezoelectric cymbal transducers with metal ring and add mass[J]. Sensors, 2019, 19(1): 137.

[154] He Z Y, Li X C. Modeling and calculation of acoustic radiation for a free-flooded ring transducer array[C]. 2010 3rd International Congress on Image and Signal Processing. IEEE, Yantai, 2010, 3865-3868.

[155] 滕舵, 陈航, 朱宁, 等. 溢流式嵌镶圆管发射换能器的有限元分析 [J]. 鱼雷技术, 2008, 16(6): 45-47, 62.

[156] 滕舵, 陈航, 朱宁. 宽频带径向极化压电圆管水声换能器研究 [J]. 压电与声光, 2008, 30(4): 411-413.

[157] 谢朝矩, 姚国华. 低频宽带大功率溢流式镶拼圆管换能器 [J]. 应用声学, 1996, 15(1): 30-34.

[158] 桑永杰, 蓝宇, 丁玥文. Helmholtz 水声换能器弹性壁液腔谐振频率研究 [J]. 物理学报, 2016, 65(2): 182-189.

[159] Randall R C, Brown D A. Analysis of feedback control of piezoelectric transducers[J]. The Journal of the Acoustical Society of America, 2014, 135(6): 3425-3433.

[160] Bybi A, Grondel S, Assaad J, et al. Reducing crosstalk in array structures by controlling the excitation voltage of individual elements: A feasibility study[J]. Ultrasonics, 2013, 53(6): 1135-1140.

[161] Hur Y, Park Y C, Abel J S, et al. Numerical synthesis of an optimal low-sidelobe beam pattern for a microphone array[J]. IEEE Signal Processing Letters, 2014, 21(8): 914-917.

[162] Schmid C M, Schuster S, Feger R, et al. On the effects of calibration errors and mutual coupling on the beam pattern of an antenna array[J]. IEEE Transactions on Antennas and Propagation, 2013, 61(8): 4063-4072.

[163] Zhang T T, Ser W. Robust beampattern synthesis for antenna arrays with mutual coupling effect[J]. IEEE Transactions on Antennas and Propagation, 2011, 59(8): 2889-2895.